# 安全生产风险管理体系建设指南

Implementation Guidelines for the Risk Management System of Safety Production

## （2022年版）

中国南方电网有限责任公司　编著

中国电力出版社
CHINA ELECTRIC POWER PRESS

# 内 容 提 要

  《安全生产风险管理体系建设指南（2022 年版）》定位为本质安全型企业建设的主要路径。以专业管理、职能管理为主线，全面阐述了电力集团企业从上至下开展安全生产风险管理的思路和方法，突出风险的源头治理和协同管控，夯实管业务必须管安全的责任链条。

  本书可供政府、企业、高校、咨询机构等安全生产管理的组织、落实、研究人员参考使用。

**图书在版编目（CIP）数据**

安全生产风险管理体系建设指南：2022 年版 / 中国南方电网有限责任公司编著. —北京：中国电力出版社，2022.12（2023.5 重印）
ISBN 978-7-5198-7079-9

Ⅰ.①安… Ⅱ.①中… Ⅲ.①电力工业–安全生产–风险管理–中国–指南 Ⅳ.①TM08-62

中国版本图书馆 CIP 数据核字（2022）第 177059 号

出版发行：中国电力出版社
地  址：北京市东城区北京站西街 19 号（邮政编码 100005）
网  址：http://www.cepp.sgcc.com.cn
责任编辑：岳 璐（010-63412339）
责任校对：黄 蓓 朱丽芳
装帧设计：郝晓燕
责任印制：石 雷
印  刷：三河市万龙印装有限公司
版  次：2022 年 12 月第一版
印  次：2023 年 5 月北京第五次印刷
开  本：710 毫米×980 毫米 16 开本
印  张：11.25
字  数：154 千字
印  数：31001—34000 册
定  价：50.00 元

# 前　言

中国南方电网有限责任公司（简称南方电网）贯彻落实党中央、国务院关于安全生产决策部署，持之以恒探索研究防范化解安全生产风险的科学方法，按照"基于风险、系统化、规范化、持续改进"的核心思想构建了安全生产风险管理体系（简称安风体系），以本质安全为目标，形成了基于风险的系统化管控方法，在近20年的生产实践中不断迭代改进，持续优化长效管理机制，提炼总结出凝聚南方电网方法和经验的安风体系丛书。

南方电网安风体系丛书共包括《安全生产风险管理体系（2022年版）》《安全生产风险管理体系建设指南（2022年版）》《安全生产风险管理体系评审标准（2022年版）》，分别是本质安全型企业建设的方法论、主要路径、改进动力。《安全生产风险管理体系建设指南（2022年版）》立足坚持系统观念，以集团公司专业管理为主线，全面阐述了当代电力企业对生产经营业务开展风险管理的方法，主要用于集团公司从上至下推进安风体系建设，分为公共、专业两部分，共70份指南，每份指南明确了基于风险系统化管理某项业务的通用步骤，聚焦本质安全管理目的建设立体化、源头化、透明化风险管控机制，是安风体系在从上至下各层级落地应用的具体指引。

《安全生产风险管理体系建设指南（2022年版）》属于指导性文献，用于指导集团公司管理人员健全业务管理流程和方法，完善制度标准，提高管理成效，各单位参考使用时可结合实际调整、补充。本书供以下单位参考使用：南方电网公司各类生产经营企业，电力行业发电、输电、供电等类型企业以及能源领域制造、建设、调度、运维、试验、服务等类型企业，同时可供其他领域生产经营企业参考借鉴。各企业在使用过程中如有相关改进意见或发现不妥之处，请及时向南方电网公司安全监管部反馈。

编　者

2022 年 7 月

# 目 录

# 第一章 公 共 部 分

## 一、愿景、方针、理念

### (一) 主要作用

明确公司安全生产管理的方向、策略、焦点等,形成价值观导向,全方位指引各专业和单位开展工作规划、组织实施、资源配置、问题处理等。

### (二) 通用步骤

**1. 制定**

公司制定通用的安全生产愿景、方针、理念;各单位可根据实际进行注释和分解细化,无需另行制定。公司安全生产愿景:本质安全;安全生产方针:安全第一、预防为主、综合治理;安全生产理念:一切事故都可以预防。

**2. 宣传**

各单位应及时通过宣传栏、公告板、网站、公众号、新闻报道等多种方式,向全体员工和相关方宣传愿景、方针、理念。通过教育培训、工作会议、工作手册、支部三会一课等进行诠释、解读,以统一思想、提高站位、融会贯通、同频共振。

**3. 融入**

各单位对愿景、方针、理念的注释和分解应与上级相关内容有效承接,并结合本单位实际进行调整、完善。管理人员应将公司愿景、方针、理念的要求和本单位的分解内容融入相应的制度标准、工作计划、工作方案等规范性文件及信息系统、规划预算、议事决策等，以常态化推广落地。

**4. 践行**

各级人员在日常工作中对愿景、方针、理念应知行合一，对于已制定规范性文件的业务和事项，应严格执行文件要求；对于未制定规范性文件的业务和事项，应按照愿景、方针、理念的要求组织和实施。当文件要求与实际情况不符、多重矛盾交织时，应按照愿景、方针、理念要求进行处置，优先解决主要矛盾和矛盾的主要方面。

**5. 检查**

各单位通过专项检查、日常检查、调研分析、会议引导等方式检查愿景、方针、理念逐级融入和践行等情况，管理人员通过自身践行的体会和经验来引导员工树立正确的价值观，及时纠正理解和践行过程中出现的偏差。

**6. 修订**

各单位应定期汇总分析愿景、方针、理念分解后内容的适宜性和践行的有效性，结合生产经营形势、主要矛盾等变化情况，及时修订愿景、方针、理念的注释和分解细化内容。

## 二、安全生产风险管理体系建设

### （一）主要作用

各单位系统性构建安全风险分级管控和隐患排查治理双重预防机制，推动安全生产业务管控关口前移、综合治理，全面提升安全能力，提高本质安全水平。

### （二）通用步骤

**1. 制定建设方案**

各单位编制安全生产风险管理体系（简称安风体系）建设方案，确定安风体系建设的工作思路、工作内容、实施步骤和保障措施，根据实际统筹资源配置、确定职责分工，明确具体的实施计划、时间节点和交付物。

**2. 开展知识培训**

组织本单位全体员工开展安风体系知识和应用技术的系统性培训，按照"理论与实践相结合"原则策划培训内容，结合实践案例宣讲安风体系知识，针对性选拔、培养安风体系评审员和各专业部门建设骨干。

**3. 开展风险评估**

各单位组织所属专业部门开展安全生产风险评估，各专业部门应首先制定本专业风险评估模型、方法和标准，然后实施风险评估，并定期迭代优化。风险评估过程中首先确定评估对象、辨识危害，然后评估可能产生的风险，为资源配置提供依据，制定风险控制措施，实现风险的超前控制。

【制定方法】针对评估对象的特点制定风险评估方法，应注意：

（1）兼顾后果和可能性，既关注过程与结果，也要关注危害的关联性。

（2）既要考虑评估对象本身，也要考虑人员、管理等各种影响因素。

（3）评估方法应根据管理需要、数据来源等改变，可采用定性、半定量、定量或组合式方法。

【风险评估】辨识危害时，应识别危害特性、产生风险的条件或原因、可能性、后果等，通过基准、基于问题和持续风险评估，实现风险评估的全面性、针对性和实时性，针对风险后果建立电网、设备、人身、职业健康、网络、公共安全等风险数据库，形成风险数据融入日常工作的管理机制。

【制定措施】对评估出的风险制定相应控制措施，通过各专业日常工作使其有效落地。按以下顺序制定控制措施：消除或终止、替代、转移、工程、隔离、行政管理、个人防护等。

## 4. 建立制度标准

梳理本单位安全生产相关业务流程，根据风险管控的需要，分层分级制定实用、有效的制度标准，确保风险管控措施分层级落地并形成长效机制。

【建立制度】制度标准包括制度、细则、"两书"（指业务指导书、作业指导书）等内容。其中，公司制定全网通用的管理制度及典型两书，二级单位承接制定本单位的实施细则及典型两书，三级单位承接制定本地化两书及表单、模板等。

【细化两书】本地化两书是风险管控措施落地的直接载体。其中，业务指导书由制度标准归口管理部门组织各专业针对管理业务建立，明确各项工作职责、内容、方法与流程要求，落实 5W2H 和 PDCA 闭环管理要求；作业指导书由各专业部门针对作业任务建立，明确流程控制、风险控制与质量控制的步骤和方法。

## 5. 分级管控风险

各单位在各项业务流程中规范地执行制度标准，有效控制业务流程、风险与质量。将制度标准内容有序固化至信息系统，确保管控措施落实到位。

【监测预警】通过信息化、数据化等技术手段，动态监测各类安全生产风险，及时预警并预控，根据变化情况更新风险评估结果。

【分级管控】根据风险评估等级（特高、高、中、低、可接受等），尤其是不可接受风险，确定管控方法、要点和到位人员、策略，确保分级精准管控，实现立体化、源头化、透明化管控。

## 6. 定期评审改进

【系统评审】公司分层分级定期组织开展安全生产巡查和安风体系审核相结合的评审，系统分析业务管理存在的问题，确定评审钻级，持续改进管理机制。

【闭环整改】建立线上线下相结合的问题收集与改进机制，及时发现问题并分析资源配置、业务管理、作风技能、队伍状态等原因，对相关单位与人员开展评价问责促进问题闭环整改。

【动态调整】通过全方位监测钻级单位安风体系运行过程，针对日常表现，实施评审等级动态调整。

## 三、基于风险系统化管理业务

### （一）主要作用

各专业部门健全网省地县业务管理机制，立体化、源头化、透明化管控风险，逐步使人、物、环、管趋向本质安全。

### （二）通用步骤

#### 1. 识别对象

【管理对象】根据机构或部门职责按业务逻辑顺序梳理业务，明确各业务管理对象涉及的内容和边界。

【业务目的】对照本质安全管理要求，承接《关于进一步推进本质安全型企业建设的意见》，明确业务管理应达到的目的。

【风险原因】梳理目前业务运转存在的主要风险、隐患，分析导致风险的主要原因、条件。

#### 2. 建立机制

【职责界面】明确横向协同部门、纵向网省地各层级的职责界面，促进责任系统、监督系统、保障系统三者有效协同，推动职责清单、巡查调查、奖惩激励三者良性运转，确保各层级明责知责担责尽责，形成归口部门统筹组织、专业部门分工负责的协同立体管控的总体格局（与【业务目的】对应）。

【机制内容】各专业部门制定风险评估和管控的模型、方法、标准，基于风险梳理制度标准，形成制度、细则、两书的修编计划和清单。建立制度标准时应按照 PDCA 闭环管控方法明确业务管理机制，针对【风险原因】制定立体化、源头化、透明化管控措施，并融入管理机制。制定管控措施时根据本质安全的目标和要求，聚焦人、物、环、管的本质安全来制定相应措施，注重风险、隐患的源头管控，如电网风险从规划开始管控，设备风险从设计采购开始管控，作业风险从作业任务来源开始管控等。

**3. 机制运转**

【技术支撑】各专业部门为确保管理机制有序有效运转，明确本专业技术支撑保障的软硬件资源，如制度标准、两书、风险评估和管控标准、信息系统、技术措施、规程规范、技术标准等。

【运转效果】预测管理机制正常运转后能达到的短期效果，使其趋向【业务目的】。定期分析运转效果与目的的偏差，不断完善管理机制和技术支撑。

**4. 检查改进**

【日常检查】各单位通过安委会等渠道建立本指南落地检查机制，每季度检查、督促各专业部门落地应用，尤其是制度、两书等修编情况。各专业部门分层级对照【业务目的】检查管理机制建设和运转情况，分析差距和原因。

【总结改进】各专业部门分层级明确定期总结改进业务管理的方法、路径、要点等，以持续提升本专业管理水平。

# 第二章 专 业 部 分

## 一、电网规划专业

### （一）电网规划管理

**1. 识别对象**

【管理对象】管控公司电力电网发展规划、输配电网规划、电网二次规划、调峰电源规划及小型基建规划等的研究、收资、编制、入库和实施过程。

【业务目的】打造坚强可靠的电网网架，从源头防范治理电网、设备、作业和环境等重大基准风险，实施差异化电网建设，提升电网防灾抗灾能力，通过技术支撑提升电网韧性，打造本质安全、可靠、绿色、高效、智能的现代化电网。

【风险原因】存在电网网架薄弱、单一元件故障、交叉跨域点、密集输电通道故障、临近油气管线等引发事故事件风险，以及电力平衡困难、配电网低电压或重过载、输变电及配电设施内涝风险、人身安全隐患、涉电公共安全隐患等问题。主要原因包括对外部因素变化评估不足、负荷测算不准确、电源布置不合理、基础资料收资不准确、规划报告审批不规范、规划调整修编不及时等。

**2. 建立机制**

【职责界面】公司规划专业负责制定电网规划管理制度和技术标准，落实电网风险防控要求，统筹公司各类规划工作。公司生技、市场、基建、数字化、系统运行等专业制定本业务领域规划，参与电网规划研究和审定。二、三级单位负责本层级电网规划研究，提出电网发展和电网风险防控需求，组织编制各专业规划。

【机制内容】

（1）优化规划标准。各单位完善差异化规划策略，及时修编规划设计原则。建设重要城市保底电网（坚强局部电网），提高电网防灾抗灾和应急保障能力，落实差异化设防标准，推进电网防风防汛、防冰防震差异化建设，落实装备技术导则和反事故措施等要求，从源头提升防灾抗灾能力。全面收集并有序解决电网基准风险，重点消除不满足 GB 38755—2019《电力系统安全稳定导则》及单一元件故障导致事故的电网风险，持续减少交叉跨越点、密集输电通道、同沟电缆线路等共模故障导致事故的风险，关注施工难度、工期安排、自然灾害等因素影响，推动电源电网协同发展、合理布局。

（2）开展专题研究。公司规划专业组织开展规划专题研究，重点针对能源及电网规划相关的需求预测、电源网架建设、电网基准风险治理、电网谐波、配电网发展、智能电网关键技术、重要城市保底电网建设等开展，建立涵盖社会经济、能源资源、电源、负荷等数据的规划信息库。

（3）收资校核数据。二、三级单位组织专业部门开展规划项目基础数据收资工作，包括电网基本参数、电网基准风险、主变压器负荷、线路负荷、电网运行方式、电力需求增长、配电变压器重过载、政府规划、地质灾害等信息，通过电网风险评估模型，结合系统运行部门三年方式及年方式电网风险防控的研究结论，校核收资信息的重要度和准确性，查找电网风险产生原因，形成现状问题清单，开展安全稳定分析验证，提出建议纳入规划报告。

（4）开展规划编制。各级规划专业牵头开展电网规划，统一规划思路和目标，明确编制大纲及进度安排，落实短期、中期、长期规划的工作计划。组织各专业建立沟通协作机制，承接电网规划编制本专业相关规划，落实电网风险防控要求，确保有效衔接上级规划、区域发展战略规划、输配电核价投资规模等。

（5）审定规划报告。各单位逐级编制审核规划报告并报公司规划专业。公司各专业规划由专业部门组织评审后报送规划专业。公司规划专业组织各相关专业，针对收集汇总的规划报告开展审核并发布。各单位规划报告发布后，报当地政府，协调其纳入国土空间规划、城乡规划、土地利用规划、电力专题规划等。

（6）入库实施及调整。二、三级单位将上级审定批复后的规划项目录入规划系统，按照重要度和紧急性纳入前期项目库，未纳入的按照非规划项目开展立项审批。规划项目实施过程中，根据电力供应、电网风险防控等实际情况，结合三年方式、年方式的落实进展，合理安排项目投产时间，考虑现场环境、施工难度等影响，据实滚动调整工程项目建设时序。三级单位结合实际需要，建立并落实供电质量协同解决机制，滚动调整中低压配电网规划建设。

（7）开展监督评价。各单位对电网规划实施过程、进度等开展监督与检查，评价各专业规划编制、审核、实施责任落实情况，及时发现问题并闭环整改。

### 3. 机制运转

【技术支撑】

（1）建立健全制度标准。公司、二级单位建立相互承接的规划管理制度和两书，三级单位承接编制本地化两书，涵盖规划标准、专题研究、校核数据、编制规划、审定规划、入库实施、监督评价等管理环节，分层分级明确管理要求和实施方法。

（2）完善规划技术标准。建立健全规划分级分类策略、电网风险防控要求、设备选型标准、设施配置要求等规范，提升规划的准确性。

（3）完善电网规划模型。充分考虑政策、技术、可靠等因素，设立评价指标库，运用科学评估方法，建立涵盖电网风险管控等维度的电网规划模型。

（4）完善信息系统支撑。完善电网规划管理信息系统功能，对规划项目入库、审批、备案、调整等实现全过程信息化管理。

【运转效果】满足电力系统安全稳定导则等国家强制性标准要求，强化电网韧性和抵御事故风险能力，提升配网供电能力和自动化水平，提高规划的前瞻性、准确性、有效性、安全性，支撑本质安全型电网建设。

## 4. 检查改进

【日常检查】公司通过审查电力规划年度预算、电力规划专题研究项目实施情况，及时调整规划方向。二级单位通过检查电力规划研究指引、专题研究计划的执行情况，督促各单位和专业部门落实规划职责。三级单位通过资料审查、过程跟踪等方式，检查规划进度和质量。

【总结改进】三级单位总结负荷对比分析、电网风险变化、投资收益情况等，分析规划的合理性、有效性，通过修编两书等改进管理机制。二级单位定期总结规划实施及评估情况，优化资源配置。公司总结规划管理制度标准、信息系统的适宜性，及时修编制度标准、优化系统功能。

## （二）电力基建项目前期管理

### 1. 识别对象

【管理对象】管控公司电网基建项目前期计划、前期招标、可行性研究、支持性文件办理、投资项目储备等过程。

【业务目的】推动基建项目安全和质量源头管控，提升安全管理水平和建设质量，提高电网投资效益。

【风险原因】存在前期合规性手续不齐、工期制定不合理、选址选线不合理、运维难度大、灾害隐患突出、勘察人员人身安全和职业健康等风险。主要原因包括项目计划安排不合理、招标履约把关不严、勘察设计不到位、可行性研究不准确、支持性文件办理不及时、技术措施不合理、野外勘察风险评估管控不到位等。

### 2. 建立机制

【职责界面】公司规划专业负责基建项目前期工作的统筹管理和标准制定，各级计财专业负责下达年度计划预算方案，各级生技、基建、系统运行等专业参与可行性研究报告及初设评审，各级供应链专业负责开展采购及招标。三级单位负责配合开展现场勘察收资、选址选线等。

【机制内容】

（1）编制前期计划。建设单位按照项目优选模型，结合电网三年方式及年方式提出的工程项目建设意见，优先选择项目编制前期投资和工作计划，重点考虑解决不满足电力系统安全稳定导则、减少单一元件故障导致事故风险、降低共模故障风险、提升供电可靠性的项目。根据年度费用计划和需求情况，下达项目前期工作计划，充分考虑项目紧急程度、施工作业量、作业难度等因素，明确各项目前期费用、可研审批时间、行政审批时间、项目建设单位、前期工作牵头单位等内容，合理安排工期。

（2）开展招标履约。建设单位根据前期计划，编制基建项目前期技术服务招标建议，报上级单位开展招标后，根据中标结果签订前期和技术服务合同，明确工程安全、质量、进度、技术等要求，合理制定施工期限，保障充足、适宜的施工裕度。建设单位按照合同约定及项目进度开展履约工作，向前期和技术服务单位支付费用。

（3）组织选址选线。建设单位组织可研设计单位开展现场勘察和收资，明确项目在系统中的地位、作用，确定项目站址、线路路径、系统接入、大件运输等要求，充分考虑电网发展、周边环境、灾害影响、施工难度、运维条件等因素，编制工程选址选线方案，报上级单位审定后，协调取得市县乡级规划、土地、跨林地等协议证明。选址选线过程中应做好现场作业人员人身安全及职业健康风险防控。

（4）开展可行性研究。建设单位组织针对选址选线方案开展可行性研究，确定系统技术要求、建设模式、建设规模、主要施工技术措施、中高风险作业管控策略、合理施工工期及投产时间等，估算项目投资并评估经济性，论证项目的必要性、可行性和安全性，报上级单位批复。建设过程中根据项目站址、接入方式、投资预算等变化，评估接入方案对系统运行、电力供应及运维检修的影响，及时调整可研内容。

（5）办理行政审批。建设单位根据技术服务招标结果，按照项目可研批复，落实属地化管理原则，组织编制支持性文件并办理项目行政审批。取得行政审批后，组织许可文件评审，通过后纳入项目储备库。

（6）开展考核评价。建设单位按照"谁审批谁负责"的原则，对前期和技术服务单位的工作情况、服务质量、报告质量等开展考核评价，相关结果作为选取前期和技术服务单位的依据。

**3. 机制运转**

【技术支撑】

（1）建立健全制度标准。公司、二级单位建立相互承接的电力基建项目前期管理制度和两书，三级单位承接编制本地化两书，涵盖前期计划、招标履约、选址选线、可行性研究、行政审批、考核评价等管理环节，分层分级明确管理要求和实施方法。

（2）完善评价考核标准。建立健全项目前期进度、服务、质量的考核评价标准，形成闭环管控、量化考核、责任明确的考核依据。

（3）完善信息系统支撑。完善电网管理平台系统功能，实现项目前期计划、合同采购、可研编审、入库审批、考核评价等过程的信息化管理。

【运转效果】实现基建项目前期研究和服务的全过程信息化管理、透明化管控，推动提升项目前期服务和工作质量，为项目安全、有序实施做好充分前期准备。

**4. 检查改进**

【日常检查】公司通过抽样前期总结报告，检查各层级项目前期管理机制建立和运转情况。二级单位通过可研评审、入库审批等方式，检查各专业部门、三级单位的履职情况。三、四级单位通过勘察收资、现场验证等方式，检查电网基建项目前期研究与建设需求的一致性。

【总结改进】三、四级单位定期总结项目前期工作实施进度和服务质量，改进工作组织流程，通过修编两书等改进管理机制。二级单位总结前期费用、施工工期、技术方案及投资计划分配的合理性，优化配置资源。公司总结管理制度、评价标准、信息系统的适宜性，开展制度修编，优化信息系统功能。

## （三）新能源管理

### 1. 识别对象

【管理对象】管控新能源的并网与消纳过程。

【业务目的】支持新能源健康发展，提升电网新能源消纳能力，推动新能源安全、有序并网消纳，促进公司绿色低碳发展。

【风险原因】存在消纳不充分、资产利用率下降、资源浪费、电网不稳定因素增加等风险。主要原因包括规划情报收集不全面、新能源项目投产滞后、消纳测算不准确、并网审核不规范、区域电网承载力评估不准确等。

### 2. 建立机制

【职责界面】公司规划专业统筹新能源管理，组织制定新能源管理制度标准；系统运行专业负责完善新能源并网运行和电网承载力评估技术标准，参与新能源接入审查和验收；生技、市场、基建等专业参与新能源接入审查和验收。二、三级单位执行新能源并网工作制度要求，开展区域内新能源并网消纳工作。

【机制内容】

（1）编制需求计划。二、三级单位向属地政府能源主管部门和新能源企业收集关于新能源的发展政策、战略规划、项目信息，编制新能源项目投资需求计划并报上级规划专业。各级规划专业参与新能源项目预可研、可研、接入系统等前期工作讨论会和评审会，及时掌握新能源项目开发情况，上报新能源项目进度等重要节点信息。

（2）测算消纳能力。二、三级单位对区域内风电、光伏发电等新增消纳能力进行测算论证并予以公布，组织测算区域内新能源电力消纳责任权重指标，根据政府审批情况编制消纳实施方案，有序开展消纳工作。

（3）审查并网条件。各级系统运行、市场、生技、基建等专业参加新能源项目的可研、接入系统、初设审查工作，指导新能源企业开展拟接入设备及储能设施的建设，参与涉网设备选型、设计、验收等工作。系统运行专业负责接收新能源企业并网申请，审核相关技术和检测报告，确保满足国家、行业、企业技术标准与规范。

（4）实施并网调度。各级市场营销专业与新能源企业签订购售电合同，明确接入系统工程的投资界面、计量装置配置等内容。系统运行专业与新能源企业签订并网调度协议，编制并网调试计划及方案，开展保护整定，安排新能源项目并网启动和运行调度。各级运维部门开展所辖新能源送出设备的运行维护，保障新能源安全有序消纳。

（5）评估承载能力。各级系统运行专业结合用电负荷增长、新能源发展趋势、电网运行方式、电网稳定因素等，综合评估辖区新能源承载能力。根据新能源消纳和送出情况，及时预警新能源开发和并网运行风险，调整新能源消纳出力。

（6）分析改进提升。二、三级单位定期检查新能源项目信息收集的准确性和沟通对接的有效性，分析汇总区域新能源项目发展信息和承载力评估报告并提交公司，公司牵头组织与新能源企业交流洽谈，优化形成上下贯通、内外协同的交流合作机制。

### 3. 机制运转

【技术支撑】

（1）建立健全制度标准。公司、二级单位建立相互承接的新能源管理制度和两书，三级单位承接编制本地化两书，涵盖需求计划、消纳测算、并网审查、并网调度、承载能力评估、分析改进等管理环节，分层分级明确管理要求和实施方法。

（2）完善并网技术标准。综合安全、经济和环保等因素，根据电源侧、电网侧、负荷侧情况，完善新能源接入消纳的技术标准与规范。

（3）建立信息系统支撑。开发信息系统功能，支撑新能源企业信息协同共享，为新能源规划、建设、并网等工作，提供全流程、全场景数据管理和专业服务，提升管理效率。

【运转效果】全过程监测新能源项目需求、开发、并网、运行情况，动态评估网省地新能源消纳承载力，及时调整新能源消纳出力，新能源得到科学规划、合理开发、高效建设、安全运营、充分消纳。

#### 4. 检查改进

【日常检查】公司通过信息系统、用户调访等方式，检查督查各级单位支持新能源发展情况。二级单位通过信息系统、发电量统计等方式，检查各单位新能源消纳的及时性和有效性。三级单位通过信息系统、调度平台、现场抽查等方式，检查电网稳定、频率波动、配套设备维护等情况。

【总结改进】三级单位总结新能源接入并网的工作时效，改进工作流程，提升接入效率，通过修编两书等改进管理机制。二级单位总结新能源消纳指标完成情况，提出消纳建议，优化消纳计划。公司总结年度计划落实、技术标准运用、信息系统支撑情况，优化标准规范、信息系统功能和考核评价规则。

### （四）环境管理

#### 1. 识别对象

【管理对象】管控公司系统生产经营活动所涉及场所的环境危害识别、风险管控、废料管理、应急处置、环境恢复等过程。

【业务目的】建立环境保护与改善长效机制，防治企业生产经营过程中的污染和其他公害，建设"环境友好型"企业，促进可持续发展。

【风险原因】存在因噪声、电磁场、粉尘、废弃物等危害导致的环境污染、生态破坏、水土流失、投诉纠纷等风险。主要原因包括环境危害识别不全面、环境风险评估不准确、危害监测与控制不到位、废料管理不规范等。

## 2. 建立机制

【职责界面】公司规划专业负责环境保护工作的统筹管理，制定公司环境保护相关制度标准；各专业负责本业务领域环境保护相关的规划设计、建设施工、运行维护、退役报废管理。二、三级单位负责承接细化环境保护管理制度标准，全面开展本单位环境保护工作。

【机制内容】

（1）识别环境危害因素。组织各专业部门、下属单位识别生产办公区域中存在的电场、磁场、噪声、废水、废油、废气、扬尘、固体废弃物、危险废物等环境污染和生态破坏因素，根据识别结果开展监测和分析。

（2）评估公布环境风险。根据环境因素识别和监测结果，运用定性和定量方法开展风险评估，分析导致风险的原因，制定管理或技术措施，融入项目建设和生产运行的全过程。

（3）管控建设过程风险。将环境影响分析结果纳入电网规划、施工设计和物资采购，落实环境保护设施"三同时"要求。编制环评报告，报生态环境行政主管部门审批备案。建设过程中落实好噪声、水源、大气、土壤等环境污染的管控措施。项目采购安装过程中应使用环保替代材料，落实水土保持措施。实施过程中落实好粉尘、噪声、辐射等的管控措施。竣工验收阶段，应检查环境保护设施建设和环境保护措施功能实现情况。

（4）管控运营过程风险。生产运营过程中，应定期检查维护环境保护设施，制定环境因素监测计划。对于超标或可能对环境造成影响和破坏的因素，制定管控方案，明确治理目标、措施计划并落实整改。

（5）持续检测和警示告知。定期对输电线路保护区内特别是人口活动稠密区进行电磁环境检测，并向居民公布检测结果。城市中心变电站、大型变电站、换流站等应根据实际情况，定期检测电磁环境、噪声等因素，并对外公布检测结果，根据需要对外设立工频电场、工频磁场、合成电场、噪声实时监测屏。

（6）规范管理处置废料。建立管理档案和台账，对生产、生活、办公过程中产生的废矿物油、废铅酸蓄电池、废气等进行统一管理。委托有资质的机构依法合规对危险废物进行处置，严禁随意排放和丢弃。

（7）应急处置和环境恢复。突发环境事件时应启动应急措施，主动向地方政府沟通汇报，在政府主管部门的指导和支持下开展处置。评估对环境造成的破坏，应制定污染物清理、绿化与水土保持、竣工后恢复等措施并限期完成。

（8）检查分析改进提升。定期检查施工、生产和办公场所环境，分析危害识别、监测和风险管控情况，跟踪废料废物处置情况，点面结合分析问题原因，融入日常管理以完善长效机制，确保合法合规、保护环境。

### 3. 机制运转

【技术支撑】

（1）健全制度标准。公司、二级单位建立相互承接的环境管理制度和两书，三级单位承接编制本地化两书，涵盖危害识别、风险评估、风险管控、监测警示、废料处置、应急处置、环境恢复、分析改进等管理环节，分层分级明确管理要求和实施方法。

（2）健全技术标准。健全环境风险评估技术标准与规范，完善环境危害识别、监测、评估的方法和技术要求，提升评估与管控的科学性。

（3）完善信息系统。完善信息系统功能，对环境危害识别、风险评估管控、应急处置恢复等过程进行信息化管理，实现环境危害动态监测、预警和管控。

【运转效果】环境危害因素得到充分识别并有效监测和管控，施工及生产等过程充分落实环境保护措施，突发环境事件应急处置与恢复有序高效。

### 4. 检查改进

【日常检查】公司及二级单位通过环境风险督查、环境事件调查等方式，验证各层级环境保护责任落实情况。三、四级单位通过现场检查、监测数据抽查等方式，验证管控措施的有效性与针对性，动态调整管控策略。

【总结改进】三、四级单位总结环境保护相关舆情、投诉、诉讼情况，分析不足，通过修编两书等改进管理机制。二级单位总结环境管理过程中各专业部门和单位履职情况，优化职责分工和资源配置。公司总结环境管理制度标准、信息系统的适宜性，修编制度标准，优化信息系统功能。

## 二、基建专业

### （一）工程项目风险管控

**1. 识别对象**

【管理对象】管控公司基建工程项目实施过程中的危害辨识和风险防控过程。

【业务目的】全面揭示工程项目管理过程存在的风险，系统制定风险管控策略，提升工程项目安全、质量、进度管理水平，从源头防控电网、设备、作业和环境风险。

【风险原因】存在人员触电、高空坠落、物体打击、重物碾压、设备故障、电网停电、群体性事件、违法违纪等风险。主要原因包括危害识别分析不到位、风险评估不准确、控制措施缺乏针对性、工作计划缺乏有效管控、施工过程监督管控不足、验收组织不规范等。

**2. 建立机制**

【职责界面】公司基建专业负责工程项目风险的统筹管理，建立风险评估标准，明确风险管控要求，安监专业负责开展综合监督。二、三级单位负责承接风险评估和管控要求，开展工程项目建设过程的专业和综合监督，督促设计、施工、监理单位落实风险管控措施。

【机制内容】

（1）辨识危害因素。建设单位组织工程设计、施工、监理单位，开展现场勘察，确认工程项目涉及的范围，从勘察设计、工程准备、施工过程、竣工验收、工程移交等环节，识别可能影响工程项目安全、质量和进度的因素，包括设计标准、周围环境、交叉跨越、邻近带电设备、材料运输通道、设备吊装空间、廉洁从业等。

（2）评估风险等级。建设单位针对辨识的危害因素，开展风险量化评估，按照工程项目的实施步骤评估项目安全、质量、进度、廉洁方面存在的风险，以及建设投运过程中可能导致的电网、设备、作业、环境与职业健康等风险，确定风险等级，形成基准风险数据库。

（3）制定管控措施。建设单位组织监理、设计、施工单位，根据工程项目风险评估等级，从资源配置、制度流程优化、标准指引修编、技术手段运用、培训考核、监督检查等方面制定差异化管控措施，输出到工程建设的前期、准备、实施及验收投运等环节。

（4）管控前期风险。建设单位基于风险评估结果制定管控措施，将管理类措施纳入管理计划，指导开展安全培训、资格认定、廉洁教育等。将属于环境改善和工具配置的措施纳入安措费用计划，落实安全工器具、生产工具、个人防护用品采购以及作业安健环条件改善等工作。

（5）管控准备阶段风险。建设单位根据项目进度安排，将全部作业任务纳入作业计划管理，按照年、月、周、日分解工作计划，调配资源，管控节奏，杜绝体外循环和"三超"作业。将风险管控措施中的现场技术类措施，融入工作票、作业指导书和施工方案。

（6）管控实施阶段风险。建设单位督促设计、施工、监理单位按照施工标准、规程制度开展作业，执行基建施工作业"四步法"。动态识别实施过程中环境、条件、资源等变化情况，开展基于问题和持续的风险评估，完善管控措施，补充管控资源，根据风险等级运用线上线下方式开展过程监督和检查。

（7）管控验收阶段风险。建设单位组织设计、施工、监理、运维单位，按照"零缺陷"移交原则，开展过程和竣工验收。分析验收过程的风险，管控验收过程的人身风险以及后续可能导致的电网、设备、作业风险。

（8）分析改进提升。建设单位定期检查工程项目安全、质量、进度、廉洁等方面存在的问题，分析工程项目风险评估的准确性、管控措施的有效性，查找问题根源，落实整改并形成长效机制。

**3. 机制运转**

【技术支撑】

（1）健全制度标准。公司、二级单位建立相互承接的工程项目风险管控制度和两书，三级单位承接编制本地化两书，涵盖辨识危害、评估风险、制定措施、管控风险、分析改进等管理环节，分层分级明确管理要求和实施方法。

（2）完善技术标准。建立健全工程项目危害辨识与风险评估的技术标准，提升危害辨识的全面性、风险评估的准确性。

（3）完善信息系统。完善工程项目管控信息系统功能，强化工程项目实施过程风险的信息化管控。

【运转效果】全面开展工程项目风险评估，有效落实风险控制措施，实现基建项目风险流程化、透明化管控，工程项目准时、安全完成验收，"零缺陷"投入运行。

**4. 检查改进**

【日常检查】公司及二级单位通过线上线下督查，分析风险管控机制运转情况，验证各层级履职到位情况。三、四级单位通过综合督查、现场抽查等方式，检查风险管控措施在现场执行的有效性。

【总结改进】三、四级单位总结工程项目风险评估与管控的效果，对执行情况进行检查纠偏，通过修编两书等改进管理机制。二级单位总结风险管控过程中的典型问题，分析管理原因，优化资源配置。公司总结风险评估管控技术标准的适宜性和信息系统的实用性，修编技术标准，优化信息系统功能。

## （二）基建承包商管理

### 1. 识别对象

【管理对象】管控公司基建项目（含统一由基建专业组织实施的技改迁改项目）承包商的登记、招标、管理、扣分、评价、考核等过程。

【业务目的】择优选择进入公司系统参与建设的承包商，提升承包商履约能力，提高工程建设和服务质量，保障基建施工安全有序。

【风险原因】存在承包商履约能力不足、施工力量不足、施工工具工艺落后、建设质量不良、安全管控失效、工程进度滞后等风险。主要原因包括基建承包商资质把关不严、服务过程缺乏有效管控、评价机制不完善、奖惩机制不健全等。

### 2. 建立机制

【职责界面】公司基建专业负责制定基建承包商的管理制度、评价标准，对 220kV 及以上项目的基建承包商开展资质能力评价。二、三级单位负责对 110kV 及以下项目的基建承包商开展资质能力评价，对履约过程开展监督及考核评价。

【机制内容】

（1）登记管理。公司及二级单位通过供应链统一服务平台发布登记公告，组织开展承包商登记备案。根据注册信息、资质管理规定等开展资质审核，杜绝伪造、变造资质情况。对合格承包商进行公示，并根据其资质能力划分为 1 至 4 级，对应赋予参与项目招投标的资格。建立承包商资质定期核查机制，针对资质变化后不按规定更新的承包商，采取降低等级，直至取消登记的强制措施。

（2）招标管理。建设单位根据年度工程项目建设需要，提出项目招标需求，报公司或二级单位审批后，根据招标范围制定年度招标计划，通过委托或自行招标的形式，选择基建承包商。建设单位根据招标结果，签订工程或服务合同，明确依从的法规制度、安全生产要求、双方责任义务等内容。

（3）作业管理。建设单位核验基建承包商及相关人员资质，组织开展现场勘察和安全技术交底，全面识别承包商进入企业可能带来和面临的风险，从作业任务识别、作业计划协调、作业风险评估、作业实施过程等方面开展管控，落实作业风险源头化、立体化、透明化管控要求。

（4）扣分管理。建设单位对违章违规、建设质量不良、进度滞后的承包商及施工人员实施扣分管理，运用信息系统对扣分情况进行实时统计和公示。开展违法转分包治理，建立违法转分包"黑名单"制度，完善承包商诚信建设，针对存在重大扣分、短期重复扣分等突出问题的承包商，及时发布提醒和预警，下达处罚意见，并将结果纳入承包商评价。

（5）评价管理。建设单位通过抽样检查、专题会议等方式，对基建承包商资质能力、安健环表现、工程质量、工程进度、施工力量、施工工艺等开展评价，将评价结果作为基建项目招标评审和推荐承包商的参考依据，分包商评价结果作为总包商选取分包商的参考依据。开展承包商承载能力评价，对连续重载、过载的承包商合理限制其投标竞争力。

（6）奖惩管理。公司及二级单位对所承接项目获评优质工程、示范工程等奖项的基建承包商，予以通报表扬、表彰加分等奖励措施。对安全问题突出、质量进度严重滞后、拖欠工资引发讨薪事件、违法转分包、行贿受贿的基建承包商，予以警告、降级、取消资质等处罚措施。

## 3. 机制运转

【技术支撑】

（1）建立健全制度标准。公司、二级单位建立相互承接的基建承包商管理制度和两书，三级单位承接编制本地化两书，涵盖登记、招标、作业、扣分、评价、奖惩等管理环节，分层分级明确管理要求和实施方法。

（2）完善评价奖惩标准。完善基建承包商日常评价及奖惩的标准规范，明确扣分依据、奖惩事项等内容。

（3）完善信息系统支撑。完善供应链统一服务平台、实名制、智慧工程等系统，实现基建承包商资质、履约、扣分、评价、奖惩等的信息化管理。

【运转效果】基建承包商管理全过程实现信息化，履约及作业过程实现立体化、透明化管控，基建工程的安全、质量、进度管理得到有效提升。

### 4. 检查改进

【日常检查】公司及二级单位通过信息系统、随机抽查等方式，定期检查基建承包商资质能力及项目履约情况，及时进行评价处罚。三、四级单位通过现场检查、资料审核等方式，检查承包商资质信息、安健环表现、问题整改等情况，对存在突出问题的承包商实施预警、管控和扣分。

【总结改进】三、四级单位定期收集基建承包商履约和施工过程中的典型问题，分析管理原因，通过修编两书等改进管理机制。二级单位总结基建承包商管理的效能，改进考核评价的方式方法。公司总结基建承包商管理制度、信息系统的实用性和有效性，改进制度标准，优化信息系统功能。

## （三）基建项目设计管理

### 1. 识别对象

【管理对象】管控电网及小型基建项目初步设计、施工图设计、施工图预算、设计变更、竣工图设计等过程。

【业务目的】从源头消除和控制风险，提高基建项目设计质量及工程建设水平，提升公司资产全生命周期管理能力，实现电网本质安全。

【风险原因】存在设计与现场不匹配，设计内容无法实施，环保、消防、抗冰、防风等设施不符合要求，增加人机工效危害，未有效解决电网薄弱环节等风险。主要原因包括设计需求调研不准确、现场勘察不到位、设计审核把关不严，设计变更、技术标准、反事故措施未有效落实等。

**2. 建立机制**

【职责界面】公司基建专业统筹基建项目设计管理，规划、计财、生技、供应链、系统运行等专业参与基建项目设计评审。各级单位分层级负责 A 至 E 类电网基建项目和小型基建项目的设计批复。

【机制内容】

（1）组织设计策划。建设单位根据投资计划，开展项目设计策划，组织设计承包商开展设计交底，明确设计成果的具体内容与交付时间。根据不同区域的经济社会发展水平、用户性质和环境要求等情况，因地制宜采用差异化的建设标准，合理满足区域发展和各类用户的用电需求。

（2）开展初步设计。建设单位向设计单位下达勘察任务，基于区域电网差异化建设需求，明确建设过程中安全、质量、进度控制要求，组织完成基础资料收集，督促设计单位按照设计交底要点完成项目初步设计及评审工作。重点关注工程设计原则、线路路径、变电站布置方案、电网差异化建设标准、工程投资规模、项目安健环功能，充分考虑环保、消防、职业健康设施"三同时"的要求。现场勘察设计过程中，应充分辨识周边环境的危害因素，做好现场勘察的风险防控，保障勘察设计人员人身安全。

（3）开展施工图设计。建设单位获得初步设计批复后，组织设计单位按照项目设计评审推进计划，开展施工图设计、内审及评审工作。重点关注法规标准落实情况、设计风险控制情况，充分考虑设施的适用性、设备的安全性和可靠性、施工安装条件的可行性、运行维护的便捷性等因素。技术方案和预算应同步评审，完成评审后开展设计资料收口工作，并报上级批复。

（4）落实设计变更。设计变更遵循"先审批、后实施"原则。提出变更的部门说明变更原因、依据、论证、工程量、费用变化等内容，设计单位根据变更内容评估新增风险，制定控制措施，输出至施工图设计环节。建设单位组织对变更进行审批后实施。

（5）开展竣工图设计。项目竣工后，建设单位组织施工单位及时提供竣工资料。设计单位负责编制竣工图，如实反映项目最终情况。监理和建设单位审核竣工图，确保图实一致。

（6）组织设计总结。建设单位组织设计单位根据设计思路、方案、特点，结合新技术、新设备、新工艺运用情况，综合考量主要技术、经济等指标，对设计质量、变更、服务等进行总结分析，提出改进建议，落实提升措施，组织申报设计评优。

（7）开展评价考核。建设单位对项目设计单位的设计质量开展评价，对设计与评审过程出现的工期延误、设计质量不佳、违章行为、违法转分包、违法挂靠等问题进行扣分处罚，将处罚结果输出至承包商履约评价。

### 3. 机制运转

【技术支撑】

（1）健全制度标准。公司、二级单位建立相互承接的基建项目设计管理制度和两书，三级单位承接编制本地化两书，涵盖设计策划、初步设计、施工图设计、设计变更、竣工图设计、设计总结、考核评价等管理环节，分层分级明确管理要求和实施方法。

（2）完善技术标准。完善工程项目设计标准和评审规范，基于区域电网差异化建设需求，明确设计标准要求、评审关注重点、设计扣分处罚标准等，提升设计和评审质量。

（3）完善信息系统。完善基建项目管理系统功能，实现项目设计资料上报、审核、汇总、评价的信息化管理。

【运转效果】基建项目设计实现全过程信息化管控，项目设计方案全面、图纸准确、措施有效，从源头提升工程质量和进度，保障电网本质安全。

## 4. 检查改进

【日常检查】公司及二级单位通过设计评审、现场抽样等方式，检查实施单位规范设计和过程管控情况。三级单位通过工作联系单、协调会、座谈会等方式，对设计单位勘察设计、工程投资控制、设计变更等情况进行检查和评价。

【总结改进】三、四级单位定期总结设计变更的原因，优化设计组织和过程管理，通过修编两书等改进管理机制。二级单位总结设计承包商履约和设计评优情况，优化设计承包商选择和配置。公司总结项目设计标准落实及信息系统运转情况，修编标准规范，优化信息系统功能。

## （四）工程项目过程管理

### 1. 识别对象

【管理对象】管控公司基建工程项目策划、准备、实施、评价等过程。

【业务目的】对工程项目实施过程的安全、质量、进度进行管控，确保工程项目安全、有序、高效建设。

【风险原因】存在人身伤亡、健康受损、机械设备损坏、设备被迫停运、非计划停电、工程质量不良、工程进度滞后等风险。主要原因包括组织策划不科学、建设单位资质管理不规范、风险识别管控不到位、承包商安全管理不到位、项目前期和后期资源配置不到位、作业主体和条件变化管控不到位等。

### 2. 建立机制

【职责界面】公司基建专业负责基建项目建设过程的统筹管理，办公综合专业负责小型基建过程管理，各专业负责对基建项目实施过程进行专业监督、检查、指导、协调。二级单位负责承接管理制度，监督各工程项目的整体情况。三级单位承接项目过程管控要求，对区域内项目开展全过程管理。设计、施工、监理单位负责项目的具体实施和过程管控，落实主体责任，开展安全、质量、进度管控。

【机制内容】

（1）开展项目策划。建设单位办理建设许可，开展项目报备，落实工程质量监督手续，组织设计、施工、监理单位编制项目策划，成立业主项目部，按项目规模组建安全生产委员会，明确工程安全、质量、进度总体目标和要求。完善保障机制，配置保障安全生产的人员、物资、技术等资源。开展工程质量、工艺、进度控制策划，建立进度计划，分级开展进度管控，明确 WHS 质量控制点，统一质量验收标准。

（2）落实开工准备。建设单位与施工、监理单位签订安全协议和责任书，坚持"工程质量责任终身追究"原则，落实安全设施与建设项目主体工程"三同时"要求，明确参建各方在安全、质量、进度方面的目标和考核标准。现场勘察时应识别邻近燃气管网、交叉跨越、环境破坏等可能的危害因素，对勘察作业开展风险评估，并落实管控措施。业主项目部组织审批开工资料，办理施工许可手续，制定施工作业计划，严禁体外循环。

（3）编制作业文件。建设单位根据施工作业计划，基于作业类型和风险等级编制专项施工方案，办理工作票及作业指导书，开展基于问题和场景式的风险评估，动态调整管控措施，落实分层分级管控要求。施工单位根据作业文件办理工作审批和许可手续。

（4）安排人员机具。施工单位根据施工方案和风险管控措施，安排施工作业人员，准备施工机具、材料和个人防护用品，将人员资质和施工机具报建设和监理单位审批，并加强过程管控。

（5）组织施工作业。施工单位按照技术标准和质量控制节点要求，组织现场施工作业。建设、施工、监理单位协同指挥并监护作业人员开展施工作业，落实安全管控"四步法"和施工机具管理"八步骤"要求，执行安全文明施工现场"7S"管理，落实消防、环境保护和职业病防护设施"三同时"要求。动态识别工程变更、环境变化等因素，落实工程变更手续，明确变更条件、内容、范围、管理要求，履行审批手续，管控变化带来的风险。强化关键厂站施工安全管控，加强与运行单位的协同。

（6）开展过程监督。建设单位结合工程进度、施工作业风险等，通过现场到位和视频监督等方式开展过程检查，同步落实 WHS 检查、中间检查等，做好安全、质量、进度管理的过程记录，做到责任、措施、资金、期限和应急预案"五落实"。重点管控工程施工过程中的关键风险点、关键环节、关键工序、关键部位、隐蔽工程等，及时通报问题并督促整改，纳入评价考核。项目验收后的消缺、收尾等工作，应严格按照作业风险管控机制内容，提前完成人员、文件、资质、机具等作业准备，确保作业人员人身安全。

（7）实施评价扣分。建设单位对违章的承包商和人员开展统一扣分。定期检查施工单位和作业人员资质，杜绝违法转分包和以包代管等情况。

（8）分析改进提升。建设单位定期对项目过程管理中发现问题的整改情况进行检查和跟踪，对规划及设计的合理性、安全性等进行总结分析，并提出改进建议，推动问题源头治理、闭环整改，建立长效管控机制。

## 3. 机制运转

【技术支撑】

（1）健全制度标准。公司、二级单位建立相互承接的工程项目过程管理制度和两书，三级单位承接编制本地化两书，涵盖项目策划、开工准备、作业文件、人员工具、施工作业、过程监督、评价扣分、改进提升等管理环节，分层分级明确管理要求和实施方法。

（2）完善技术标准。建立健全基建工程风险评估、质量管控、违章扣分、承包商考核评价等标准。

（3）完善信息系统。完善实名制系统和智慧工程系统功能，实现人员资质、作业计划、视频监督、违章扣分、进度管控、质量验收、资信评价等流程的信息化管控。

（4）新技术支撑。依托工程建设开展自主知识产权技术研发、鉴定、成果转化，推动基建新技术研究及推广应用。

【运转效果】工程项目过程管理规范透明，工程建设安全、质量、进度全面可控，从源头提升电网及设备建设质量。

### 4. 检查改进

【日常检查】公司及二级单位通过信息系统、视频监控、现场抽样、资料审核等方式，检查重点工程安全、质量、进度管控情况。三级单位通过例行检查、专项检查、自查自纠等方式，对计划管控、现场安措执行等情况开展跟踪和验证。

【总结改进】三、四级单位总结项目过程管理中发现的典型问题，分析管理原因，通过修编两书等改进管理机制。二级单位总结各专业、各单位工程项目过程管理的履职及重大风险管控情况，优化职责分工和资源配置。公司总结技术标准、考核评价规则、信息系统运转情况，修编基建项目过程管理的制度标准，优化信息系统功能。

## （五）工程项目竣工投产管理

### 1. 识别对象

【管理对象】管控公司基建项目竣工验收及投产运行的过程。

【业务目的】控制工程验收中的安全和质量风险，严把设备质量入口关，确保"零缺陷"投产，提升资产全生命周期管理水平。

【风险原因】存在竣工资料不完整、环保消防职业病防护设施不完善、项目无法如期投产、设备带缺陷投运、工程交接混乱等风险。主要原因包括竣工验收组织不及时、竣工验收过程不规范、竣工验收标准执行不到位、工程移交不规范、施工过程问题整改不到位、投产后遗留问题整改不闭环等。

### 2. 建立机制

【职责界面】公司基建专业统筹工程项目竣工投产管理，负责组织编制验收标准；各专业配合编制验收标准，参与专业领域验收工作并开展专业监督。二级单位承接管理标准，督促、指导运行和施工单位严格执行。三级单位负责组织项目过程验收、中间检查、启动验收等工作。

【机制内容】

（1）编制验收计划。业主项目部根据项目进度，编制验收工作计划，明确验收时间、验收方式、验收人员等。

（2）开展过程验收。监理项目部组织开展隐蔽工程验收，保存验收记录及实物照片。调试单位在施工过程中同步开展设备交接试验，监理旁站见证，必要时通知生产运行单位参加。施工班组、项目部开展自检和审核，监理单位针对施工质量、资料开展初检。建设单位根据初检结果和工程性质，组织过程验收。施工单位根据过程验收结果和记录，组织开展消缺和复验。

（3）开展启动验收。施工单位提出启动验收申请，建设单位成立启动验收委员会，组织验收人员根据验收标准和规范对项目资料、自检初检结果、施工质量、环保消防职业病防护设施建设等情况开展验收，指导施工单位开展消缺和复检。验收合格后，验收组向启委会反馈验收结论，组织编制投产方案。启委会确认具备启动带电条件后，开展启动投产。

（4）开展竣工验收。建设单位在工程投运前组织完成工程电子化移交，施工单位、监理单位、业主项目部逐级审核移交资料的准确性、完整性、真实性。组织生产运维、土建、档案管理、消防管理等部门，按照验收标准对现场实物、备品备件、工器具、安健环等开展验收，提交专业验收结论和问题清单，督促施工、监理单位落实整改后开展复验。

（5）组织运行移交。建设单位组织开展带电调试并在合格后编制试运行方案、试运行规程和相应图纸资料，开展试运行。试运行合格后，建设单位组织参建单位开展竣工资料审核移交，将相关图纸资料、固定资产移交生产运维部门，履行交接手续，全面落实工程"零缺陷"移交。统筹做好运行移交期间的运行维护作业、大型机具拆除、场坪绿化施工、厂家设备调试等工作，落实各种作业类型、作业面、作业人员的综合管控，确保运行移交期间的施工和运行安全。建立投产遗留问题的跟踪闭环机制，将问题纳入信息系统统一管理。

（6）评选优质工程。公司建立工程创优项目库，明确创优目标和申报时间，二、三级单位组织筛选相关工程参加评比。公司组建专家组开展优质工程评奖和优秀 QC 成果评选，并以工法、标准工艺和培训教材为载体，复制推广优秀成果。

（7）分析改进提升。建设单位定期对自检自查、过程验收、启动验收等过程中发现问题的整改情况进行跟踪和验证，针对运行过程中发现的问题，举一反三排查竣工验收环节履职到位情况，完善长效管理机制。

**3. 机制运转**

【技术支撑】

（1）健全制度标准。公司、二级单位建立相互承接的工程项目竣工投产管理制度和两书，三级单位承接编制本地化两书，涵盖验收计划、过程验收、启动验收、竣工验收、运行移交、工程评优、分析改进等管理环节，分层分级明确管理要求和实施方法。

（2）完善技术标准。完善工程验收、缺陷管理、工程移交、优质工程评选等技术标准与规范，提升工程验收质量。

（3）完善信息系统。完善智慧工程系统功能，对在建工程项目实施在线监控，实时跟踪分析工程建设质量和进度，及时预警和纠偏。

【运转效果】竣工投产各节点任务清晰、要求明确，分层分级开展验收，及时发现问题并全面整改，实现工程项目"零缺陷"移交，工程项目按计划高质量投产。

**4. 检查改进**

【日常检查】公司通过信息系统、抽样检查等方式，监督竣工投产过程的合规情况。二级单位收集竣工投产过程中的典型问题，开展专项整治。三、四级单位通过日常记录、现场核查等方式，检查工作计划编制、验收组织实施、问题整改等情况。

【总结改进】三、四级单位总结竣工验收过程存在的问题，分析管理原因，通过修编两书等改进管理机制，优化流程组织和过程管理。二级单位总结优质工程和 QC 成果的经验做法，固化形成长效机制。公司总结项目竣工投产管理过程中技术标准、信息系统的适宜性，及时修编技术标准，优化信息系统功能。

## 三、供应链专业

### （一）物资需求管理

**1. 识别对象**

【管理对象】管控公司系统各单位物资需求预测、需求计划申报及变更过程。

【业务目的】整合采购需求，提高物资需求计划准确性和设备标准化水平，强化关键部件源头管控，提升采购物资质量，源头化管控电网及设备风险。

【风险原因】存在申报物资与实际需求不符、采购物资存在安全隐患、应急需求处理不及时、物资到货时间不满足需求等风险。主要原因包括物资需求未按规范填报、需求预测不准确、需求报送不及时、需求未整合、审核把关不严、设备选型未充分考虑安全要求等。

**2. 建立机制**

【职责界面】公司供应链专业制定总体原则、基本方法和标准，南网物资公司承接落实物资采购计划和需求管理，二级单位负责组织申报、收集和审查物资需求计划，三级单位负责汇总、审查、上报本单位物资需求计划。

【机制内容】

（1）参与项目审查。供应链专业、项目管理单位及需求单位参加项目初步设计审查，提出物资选型、概预算编制和项目工期等方面的审查意见，从源头管控关键零部件质量。根据需要指导厂家设计生产，督促落实标准化设计、规范化选型要求。推动物资需求计划与项目施工计划有效衔接，从源头提升物资需求计划准确性。

（2）预测物资需求。供应链专业组织项目管理单位及需求单位根据年度固定资产投资计划、年度预算安排预测全年物资需求，形成物资需求预测计划。关注并重点审核需求数量、预计需求申报时间、计划投产时间、预估金额等信息的准确性。

（3）申报需求计划。物资需求部门遵循生产设备选型管理和品类优化要求，严格执行公司品类优化结果。各级专业部门加强对生产设备品类目录外需求的审核把关，逐级审核物资需求计划，确保到货时间满足实际工期需要、申报物资符合实际需要、数量与预估金额合理、主要设备材料齐全。

（4）整合物资需求。供应链专业按照"精简计划、合并需求、整合项目、复用专家"的原则对同质类需求计划整合打包，先整合后采购，提升采购规模效应，减少采购项目数量，充分利用优质专家资源，提升评标质量，降低管理成本。持续开展品类优化工作，推进物资标准化应用，严控使用非标物资。

（5）变更物资需求。供应链专业根据年度固定资产投资计划调整情况，组织调整年度物资需求计划。通过下达指标等方式控制采购需求变更，因特殊原因确须变更的应按程序审批。制定应急物资保障措施，确保抢修消缺、应急响应等状态下，应急需求物资可靠供应。

（6）分析改进提升。定期统计分析需求预测准确性、需求计划规范性、需求变更情况、紧急重复采购情况、采购物资质量、应急物资保障等，分析问题原因，完善长效管理机制。

**3. 机制运转**

【技术支撑】

（1）健全制度标准。公司、二级单位建立相互承接的物资需求管理制度和两书，三级单位承接编制本地化两书，涵盖项目审查、需求预测、需求计划、需求整合、需求变更、分析改进等管理环节，分层分级明确管理要求和实施方法。

（2）完善技术标准。建立健全物资选型、物资概预算、技术条件书、物资定额标准等相关规范。

（3）完善信息系统。通过信息系统实现物资需求预测、需求计划申报、需求整合、需求变更的全过程信息化管理。

（4）完善需求预测模型。建立需求预测模型，根据全年投资规模、单个项目可研规模和全年生产成本预算等，自动分析预测采购的物资、工程、服务品类，以及物资框架招标品类和数量等，提升需求预测的科学性。

【运转效果】物资需求预测准确，需求计划填报规范及时，需求计划得到有效整合，需求计划变更得到有效管控，应急物资需求供应得到有效保障，采购物资符合需求且质量合格。

## 4. 检查改进

【日常检查】各级供应链专业通过信息系统、现场检查等方式，检查物资需求相关指标、采购物资质量、应急物资保障等情况，分析管理效能和人员履职情况。

【总结改进】三级单位定期总结分析采购物资质量、采购技术标准存在的问题，通过修编两书等改进管理机制。二级单位定期总结改进采购目录、物资需求预测、需求计划申报、应急物资保障等方面的问题。公司研究改进管理策略、制度标准、信息系统。

## （二）采购管理

### 1. 识别对象

【管理对象】管控公司系统采购策略制定、采购实施、采购专家管理、异议与投诉处理的全过程。

【业务目的】保障采购当事人合法权益，全面落实资产全生命周期管控要求，从采购源头加强入网安全质量管理，实现采购的质量、成本和效率综合最优。

【风险原因】存在违反法律法规和廉洁纪律、采购当事人合法权益受损、采购物品质量不合格等风险。主要原因包括采购策略不科学、采购技术规范书不符合技术标准要求、审批不严格、采购过程不规范、监督检查不到位、设备标准化要求未落实、设备型号审查结果未应用等。

**2. 建立机制**

【职责界面】公司供应链专业制定总体原则和制度标准,完善监督机制;各专业负责制定技术条件书。二级单位负责本单位采购管理和监督,三级单位负责开展属地化采购,管理本单位采购专家。

【机制内容】

(1)明确范围权限。根据法律法规和采购风险评估结果,划定采购范围及审批权限,实行网省两级集中采购。公司供应链专业负责制定年度网级集中采购目录,如需授权三级单位采购应完成审批流程。根据项目采购金额,分类制定采购项目的审批权限,明确招标及非招标方式采购的标准。

(2)制定采购策略。基于电网资产的计划、设计、采购、建设、运维、检修、退役的全生命周期管理,制定采购策略,确保采购质量、效率、效益及规范性综合最优。根据采购物资的特点和需要,明确各类采购方式的条件,采取适宜的采购方式,确保合法合规。优化设备采购技术规范和品类,提升设备采购标准化水平。

(3)规范采购过程。透明化管控招标、开标、评标、定标等采购过程。将供应商履职评价情况应用到招标、评标等环节,评标全过程实行透明化封闭式管理。提高评标结构化、标准化、电子化水平,细化量化评审规则,减少专家主观裁量权,关注采购物品质量要求,通过技术手段加强评标过程监督。推行计算机智能辅助评标、远程异地评标等创新评标方式。

(4)检测入网设备。综合运用设备型号审查、入网前认证、送样检测、组部件或原材料专项抽检、试点挂网运行、样机验收等方式，对采购设备进行分类管控，强化关键零部件质量源头管控，提升入网设备质量。

（5）管理采购专家。科学设定评标专家资格标准，源头管控专家质量，组织多种形式的专家培训，提升履职能力。落实终身负责制和履职评价考核机制。完善招标人代表委派规则，明确招标人代表履职规范，制定廉洁风险防控措施，强化权力制约和监督。

（6）处理异议投诉。健全公正有效的投诉处理机制，及时核查处理采购过程收到的异议和投诉，向提出异议人员反馈意见。各级纪检监察机构应及时研究问题线索，依法依规严格开展责任追究。

（7）分析改进提升。定期分析采购方式的适宜性、评标过程的规范性、采购物资质量、评标专家履职评价结果、异议投诉处理情况等，对物资需求的准确性、有效性等进行总结，点面结合分析问题原因，完善长效管理机制。

### 3. 机制运转

【技术支撑】

（1）健全制度标准。公司、二级单位建立相互承接的采购管理制度和两书，三级单位承接编制本地化两书，涵盖范围权限、采购策略、采购过程、监测入网、采购专家、异议投诉、分析改进等管理环节，分层分级明确管理要求和实施方法。

（2）完善技术标准。建立健全采购管理相关的物资选型、招投标、物资定额、技术条件书、专家评价等标准规范。

（3）完善信息系统。完善电网管理平台和电子商城功能，支撑采购全过程信息化管理，实现采购过程透明、留痕、可追溯。

（4）完善评标基地支撑。建设并完善公司系统各评标基地，支撑采购项目封闭式、透明化评审。

【运转效果】供应商履职评价结果应用到采购管理，择优选用供应商，采购过程公正、公开、透明且规范高效，采购物品质量良好，有效处理异议和投诉，保障采购活动当事人的合法权益。

**4. 检查改进**

【日常检查】各级供应链专业通过信息系统、视频、现场检查等方式，检查招标方案、评标过程资料、评标专家评价、采购物资质量、投诉处理等，分析管理效能和人员履职情况。

【总结改进】定期收集南网物资公司、三级单位、招标采购代理机构关于招标方案、评标基地、技术规范书、评标过程等存在的问题，通过修编两书等改进管理机制。二级单位完善投诉处理机制。公司优化制度标准、采购策略、招标方案。

## （三）供应商管理

**1. 识别对象**

【管理对象】管控公司系统供应商登记、资格审查、分类分级、过程评价、信用管理的全过程。

【业务目的】管控供应商相关风险，确保选择优质供应商合作，监督促进供应商提供优质产品和服务。

【风险原因】存在供应商失信、提供不合格产品或服务、履约能力不足等风险。主要原因包括供应商资格审查不严、管理规范性和透明性不足、评价不到位、评价结果未有效应用等。

**2. 建立机制**

【职责界面】公司供应链专业制定基本原则和制度标准，建立公司统一的供应商数据库，各专业编制供应商资格预审和评价标准，南网物资公司负责落实具体管理要求，二、三级单位负责供应商扣分的登记和统计。

【机制内容】

（1）组织统一登记。编制供应商登记品类目录，基于卡拉杰克模型完善供应商分类分级标准，通过统一服务平台发布供应商登记公告，组织参与采购活动的供应商统一在服务平台办理登记。登记信息应包含企业合法经营资质、产品质量保证能力、经验信誉证明、安健环表现等资料。审核登记信息规范性，确保信息真实、完整、有效。

（2）审查核实资格。抽取专家对供应商资格进行公开透明的审查，严查供应商提供虚假信息、伪造资质材料等情况。开展供应商资质能力评估，重点关注技术能力、生产能力、服务能力、安全管理能力、节能环保能力、交付能力、产品质量等情况。统一平台发布结果，实现评审结果全网共享。对供应商资格预审文件的真实性开展现场核实，资格预审情况纳入供应商信用管理，应用到采购环节。

（3）开展全方位评价。建立全网统一的供应商资质能力评价、履约评价、运行评价管理模式，制定评价标准，重点关注产品质量和技术性能维度，对设备运行质量开展过程评价，落实设备隐患发现与消除的激励机制，提升入网设备质量。汇总分析评价情况，采取点对点的方式反馈评价结果，全网共享应用评价结果，督促和引导供应商持续改进。

（4）做好信用管理。建立供应商信用管理机制，覆盖信用信息征集、信用评价、奖惩激励、信用服务等内容。对接国家和行业信用信息共享平台，提升供应商信用水平，防范信用风险。统计供应商失信扣分情况，并应用到采购、合约、品控等活动中，实现闭环管理。

（5）规范分类分级。根据供应商的资质能力评价、履约评价、运行应用评价、信用记录等维度进行综合评价，实施供应商分类分级。根据分类分级评价结果对供应商实施不同管理策略。

（6）分析改进提升。定期统计分析采购产品质量（产品故障、损坏情况及频次等）、供应商服务质量、履约情况等，点面结合分析问题原因，完善长效管理机制。

**3. 机制运转**

【技术支撑】

（1）健全制度标准。公司、二级单位建立相互承接的供应商管理制度和两书，三级单位承接编制本地化两书，涵盖统一登记、审查资格、全方位评价、信用管理、分类分级、分析改进等环节，分层分级明确管理要求和实施方法。

（2）完善技术标准。建立健全供应商资质审查、资质能力评估、全方位评价、信用管理等标准，支撑供应商的规范管理。

（3）完善信息系统。建立统一的供应链服务平台，支撑供应商全过程透明化管理，应用系统平台规范供应商的登记、审查、公示、评价、异议处理等，实现闭环、留痕、可追溯。

【运转效果】严格审核供应商资格，统一规范进行登记，有效识别供应商不诚信行为，全方位客观评价供应商履约情况，评价结果有效应用到采购、合约、品控等活动中，引导供应商提高信用，提升产品和服务质量。

**4. 检查改进**

【日常检查】各级供应链专业通过信息系统、资料审查、电话访谈、现场检查等方式，检查供应商提供的产品和服务质量、履约情况、安健环表现等，分析管理效能和人员履职情况。

【总结改进】定期收集二、三级单位供应商产品服务质量、资质登记、供应商选择、履约及评价等方面存在的问题，通过修编两书等改进管理机制。公司供应链专业优化资源配置，研究改进管理标准和策略。

## （四）合同履约管理

**1. 识别对象**

【管理对象】管控公司系统各单位合同签订、履行、纠纷处理及履行后评价的全过程。

【业务目的】确保合同相关方严格按照合同履行约定，提供优质产品和服务，妥善处理合同纠纷。

【风险原因】存在供应商未有效履行合同、提供的产品或服务质量不合格、产生合同纠纷等风险。主要原因包括合同签订不规范、合同条款不明确、审查不严、监督不到位、履约评价不全面、评价结果应用不足等。

## 2. 建立机制

【职责界面】公司供应链专业负责制定物资合同履约的制度标准，法规专业负责审查合同签订的严密性、准确性、合规性，二、三级单位负责落实合同履约的全过程管理。

【机制内容】

（1）签订合同。规范开展合同起草、审核、签署、盖章。建立合同标准文本库，优先使用合同标准文本，不得对合同条款作任何实质性改变。严格按照中标通知书或分配方案编制合同，合同条款应关注对产品服务的质量要求。法律专业对招标文件、非招标采购文件合同条款的合法性进行审查。

（2）履行合同。跟踪管控合同履行情况，形成与项目进度匹配的物资供应进度管控机制。合同执行人员应熟悉掌握重要设备关键工艺、合理生产周期等关键节点，跟进合同物资生产进度，协调生产中出现的问题，做好品控管理。除不可抗因素导致的紧急采购，未签订合同或合同生效前，不得实际履行。

（3）变更终止。变更或解除合同，须符合法定或约定的形式及程序，并在法定或约定期限内完成相关通知和答复。

（4）处理纠纷。明确合同纠纷处理流程，结合历史纠纷案例，做好合同执行的风险评估和管控，提前收集相关证据，法律专业提供法律支持，维护合法权益。

（5）履约评价。合同履行完毕后，按照履约评价标准对承包商履约情况进行全方位客观评价，并将评价结果反馈至招标管理部门，应用到招标采购、品控等环节。在供应链统一服务平台定期公示供应商不良行为处理结果，强化各方监督。

（6）分析改进。定期统计分析合同签订及时率、准时供货率、产品质量合格率、合同纠纷等情况，点面结合分析问题原因，完善长效管理机制。

**3. 机制运转**

【技术支撑】

（1）健全制度标准。公司、二级单位建立相互承接的合同履约管理制度和两书，三级单位承接编制本地化两书，涵盖签订合同、履行合同、变更终止、处理纠纷、履约评价、分析改进等管理环节，分层分级明确管理要求和实施方法。

（2）完善技术标准。建立健全合同标准文本、合同履约评价标准等规范文件，支撑合同履约管理。

（3）完善信息系统。依托供应链统一服务平台，深化与供应商信息系统的互联互通，实现排产计划、产成入库、运输跟踪等场景的物联感知和网络协同。

【运转效果】合同相关方按流程规范签订合同，供应商按照合同要求提供优质产品和服务，全方位评价供应商履约情况，评价结果有效应用于采购、品控等活动中，供应商持续提高信用和履约质量。

**4. 检查改进**

【日常检查】公司通过信息系统、人员访谈、现场检查等方式，检查合同签订、变更、终止情况，验证合同纠纷事件处理情况、供货及时情况、产品质量等，分析管理效能和人员履职情况。

【总结改进】定期收集南网物资公司和二、三级单位关于供应商及其所提供产品服务不符合合同约定的情况，优化合同管理的流程和方法，通过修编两书等改进管理机制。公司组织研究改进合同履约管理的制度标准。

**（五）设备监造管理**

**1. 识别对象**

【管理对象】管控公司系统在设备制造环节实施监督或关键点见证的

过程。

【业务目的】促进监造业务集约、规范、高效开展，督促供应商严格执行产品质量标准，为公司制造和供应优质产品，保障入网设备质量，确保设备材料"零缺陷"入网。

【风险原因】存在未发现监造设备质量问题、未闭环整改、监造现场危及人身安全、违反廉洁纪律等风险。主要原因包括监造标准或方案不科学、监造人员技术水平不足、安全交底不到位、关键点见证未落实、对监造人员履职监督不足等。

**2. 建立机制**

【职责界面】公司供应链专业制定总体原则和制度标准，南网物资公司负责跟踪落实监造计划，二级单位负责组织协调处理设备质量问题，三级单位参与设备制造过程的关键点见证，反馈设备质量问题。

【机制内容】

（1）做好监造准备。根据设备性质及供应商信息化程度选择适宜的监造方式。组建包含公司品控专家在内的监造工作组，完成设备技术规范书、排产计划、补充协议、监造方案、监造标准、见证计划等准备工作。对驻厂监造人员开展培训，提升监造人员履职能力。

（2）召开联络会。组织技术部门、项目管理单位、运行单位、监造机构、供应商等参加联络会。制定监造工作计划及流程，形成监造工作方案，明确监造工作组成员职责分工，规范开展监造技术交底、见证点交底。

（3）签订协议书。结合历史监造情况，识别监造过程中的安全、廉洁风险，组织监造人员签订安全、纪律协议书，告知相关内容，防止发生安全事故事件及违法违纪行为。

（4）开展设备监造。依托内外部力量开展监造抽检等品控工作，建立稳定高素质的跨专业专家团队，按照设备监造流程灵活采取关键点见证、驻厂监造、远程监造、数字监造等方式开展监造。编写监造日志，完整、真实、规范记录见证内容。监造项目结束后及时在信息系统上传见证记录，全面准确掌握监造过程中的设备质量问题，及时反馈并组织整改验收，做好闭环管理，实现质量监督关口前移，持续保障设备本质安全。

（5）评价监造质量。完善与供应商共享公司采购设备质量情况的信息渠道，创新远程咨询、远程运维、故障实时诊断、产品溯源等质量共管方式。按照监造质量监督评价标准，对监造业务各环节关键节点实施在线或现场监督，现场监督采取不定期飞行监督检查方式，对参与监造的项目单位、监造机构工作规范性、工作质量等进行评价，促进监造专家认真履职。

（6）分析改进提升。定期统计分析监造准备资料完整性、监造方案质量、监造日志规范性等，结合监造及运行过程中发现的产品质量问题，点面结合分析问题原因，推动监造责任落实到位，持续完善长效管理机制。

**3. 机制运转**

【技术支撑】

（1）健全制度标准。公司、二级单位建立相互承接的设备监造管理制度和两书，三级单位承接编制本地化两书，涵盖监造准备、联络会、签订协议、设备监造、评价质量、分析改进等管理环节，分层分级明确管理要求和实施方法。

（2）完善技术标准。建立健全品控技术标准、监造标准、监造质量监督评价标准等规范，支撑设备监造管理规范开展。

（3）完善信息系统。建立设备监造管理信息系统，支撑监造准备、监造实施、监造问题整改跟踪、监造质量监督评价的全过程管理，实现规范、透明管控。

（4）完善远程监造技术。依托供应链统一服务平台，打通供应商和相关外部平台接口，推进实物ID、5G、物联网等技术在远程监造等典型场景的应用。

【运转效果】实现设备监造全业务在线、全过程可视、全链条追溯，有效发现设备制造过程中的质量问题，跟踪落实问题整改验收，进入电网的设备材料质量合格。

### 4. 检查改进

【日常检查】各单位通过信息系统、现场检查等方式，检查监造方案、监造报告、问题整改闭环、监造物资质量等内容，分析管理效能和人员履职情况。

【总结改进】定期收集二、三级单位及监造机构关于设备监造管理标准、监造执行、整改验收中存在的问题，通过修编两书等改进管理机制。公司供应链专业优化资源配置、协调解决困难，组织研究改进设备监造的管理标准。

## （六）仓储配送管理

### 1. 识别对象

【管理对象】管控公司系统各单位仓库建设、仓库运行、储备管理、物资调拨、物资配送的全过程。

【业务目的】管控仓储与配送的安健环风险，提高物资供应保障能力和仓储物流共享服务水平，实现降本增效。

【风险原因】存在物资受损、环境破坏、物资供应短缺、配送不及时、运输过程违规驾驶、账卡物不一致、人身意外伤害等风险。主要原因包括入库验收不规范、储备方案不科学、储存安全措施不足、货物搬运安全措施不充分、补货不及时、储备资源未共享、配送方案不合理、仓储物资检查不到位、运输过程风险控制不到位等。

### 2. 建立机制

【职责界面】公司供应链专业制定总体原则和制度标准，统筹网级储备及战略储备管理，组织协调跨分子公司物资调拨配送。二、三级单位承接本地化，负责本单位仓库建设、储备、调拨、配送管理工作。

【机制内容】

（1）仓库建设。组织制定全网统一的仓库规划，按照"区域仓＋周转仓＋急救包"模式，推动仓库扁平化、网络化运作。开展仓库标准化建设，统一编码管理。

（2）验收入库。按照物品验收入库标准严格验收和抽检，拒收不合格物品并退回供应商。对技术含量较高的设备、材料、配件，组织使用部门或技术部门共同验收。编制危险化学品清册及其材料安全数据清单。应用物联网技术，确保账卡物相符。

（3）储存管理。按功能对仓库进行分区、分类并清晰标识。按仓库储存标准规范存放，关注物品存储质量、安全条件、物品取用的便捷性。将危险物品与一般物资隔离储存并明显标识，配备相应防护措施，设置安全及应急设施。单独存放剧毒物品，并配置双人管理。开展储存物品日常和专项巡查，及时发现并处理安健环问题。开展人工及叉车等搬运作业时，应做好现场作业风险管控，基于风险落实监护措施，确保搬运作业安全。

（4）储备调拨。制定指标严控库存水平，遵循"多种方式、定额存储、动态补仓、综合利用"的原则，加强储备资源的统筹和共享，保障公司工程建设、生产运维和应急救灾物资供应。制定物资调配策略，建立数字化"云仓"，推进在途、在厂、在库资源可视化，实现对物资的统一管理和智能调配。

（5）物资配送。评估物品运送过程中的风险并制定管控措施。运输危险物品时，应张贴相关标识，并书面通知运输及搬运人员，确保其掌握运载物的特性和应急处理方法，做好搬运吊装、车辆行驶过程中的安全管控和警示提醒，防止人员、设备等受到损害。科学规划配送运输方案，实行差异化配送，预控大件物品、危险品等物资配送风险，提高配送安全性和时效性。

（6）逆向物流。对达到退役条件的设备开展报废鉴定，对鉴定结果为可再利用的物资，纳入闲置物资管理；对鉴定结果为报废的物资，完成报废审批手续后纳入报废物资管理。

（7）分析改进。定期统计分析入库验收回退率、账卡物一致率、库存周转率、供应满足率、配送及时率等，根据存储物品的安全与质量情况，点面结合分析问题原因，融入日常管理以完善长效管理机制。

**3. 机制运转**

【技术支撑】

（1）健全制度标准。公司、二级单位建立相互承接的仓储配送管理制度和两书，三级单位承接编制本地化两书，涵盖仓库建设、验收入库、储备调拨、物资配送、分析改进等管理环节，分层分级明确管理要求和实施方法。

（2）完善技术标准。建立健全仓库建设、仓库布点规划、入库验收、储备物资定额等标准规范。

（3）完善信息系统。建立支撑仓储与配送管理的信息系统，规范出入库、台账、储备、调拨、仓储巡查、安健环问题跟踪闭环等工作。

（4）完善物联网及数字化技术支撑。应用物联网技术促进账卡物一致，建立数字化"云仓"。

【运转效果】仓库布局合理，物资出入库规范，账卡物一致，物资存储规范安全，物资标识清晰，库存合理，周转调配高效科学，配送安全及时，有效管控危险物品存储运输风险。

**4. 检查改进**

【日常检查】各单位分层分级通过信息系统及现场检查等方式，检查储存物资安全性、规范性，账卡物一致性，物资存放环境，危险物品存储配送情况、配送时长等内容，分析管理效能和人员履职情况。

【总结改进】三、四级单位定期总结改进仓储配送指标完成和机制运转中存在的问题，通过修编两书等改进管理机制。二级单位优化仓库布局和资源配置。公司组织研究改进仓储配送的管理标准和策略，优化信息系统功能。

## 四、系统运行专业

### （一）电网风险管控

**1. 识别对象**

【管理对象】管控公司系统各单位电网危害辨识、风险评估、风险预警、风险控制的全过程。

【业务目的】系统性管控电网风险，统筹配置资源，提升电网应对极端情况的生存能力和快速恢复能力，确保电网安全稳定运行。

【风险原因】存在电网稳定破坏、大面积停电、负荷损失、电力供需不平衡、电能质量降低等风险。主要原因包括危害辨识不全、评估不准确、控制措施未落实、设备故障、二次设备误动作、误操作、抵御网络攻击能力不足、抵御自然灾害能力不足等。

**2. 建立机制**

【职责界面】公司系统运行专业负责制定总体策略和制度标准，负责跨省区电网运行风险管理，规划专业负责落实与网架结构、电源接入等相关的规划措施，其他专业负责落实本专业相关电网危害辨识和管控，二、三级单位负责管辖范围内电网风险管控。

【机制内容】

（1）辨识危害。基于电网运行环境，全面识别影响电力系统安全、可靠、稳定运行的内外部危害因素。内部关注电网结构、运行方式、电源分布、负荷分布特性、无功补偿、无功平衡、设备健康水平等危害因素，外部关注地域环境、自然灾害、外力破坏、网络攻击等危害因素。

（2）评估风险。全面分析电网危害因素，开展基准、基于问题的风险评估，确定风险等级。基于运行方式变化、特殊运行方式、设备风险变化、突发事件、电网事故事件、特殊保供电要求等因素，动态评估风险。每年分析电网风险数据库，编制并发布电网风险概述。

（3）制定策略。从优化电网运行方式安排、完善安全稳定防线设置、完善网架结构、需求侧有序用电、网络安全防护等方面研究确定风险管控策略，以降低或消除风险。根据风险评估结果，提出具体管控措施，包括重要基建工程建设、现场安全作业、重点设备特维、隐患治理、缺陷消除、技术改造等。

（4）发布风险。每年发布防范电网风险的重点工作，通过预警通知单等形式发布基于问题的风险防控措施，及时预警风险并跟踪管控。及时向所在地区电力监管机构报告重大风险和隐患信息。

（5）控制风险。应把电网风险评估结果作为系统运行管理驱动，输出至生产技术部门、规划建设部门、发电企业、用电客户等，落实分级分专业的风险管控和隐患治理，调度机构组织做好系统运行风险防控措施的闭环管控。

（6）分析改进。定期统计分析电力安全事件、电网结构改善、电源分布、负荷分布、系统 $N-1$ 静态安全、配网故障自愈、二次装置正确动作、控制措施落实、隐患治理等情况，分析规划、运维、调度、方式管理等方面存在的问题及原因，制定整改措施并完善长效管理机制。

## 3. 机制运转

【技术支撑】

（1）健全制度标准。公司、二级单位建立相互承接的电网风险管控制度和两书，三级单位承接编制本地化两书，涵盖辨识危害、评估风险、制定策略、发布风险、控制风险、分析改进等管理环节，分层分级明确管理要求和实施方法。

（2）健全技术标准。完善电网危害辨识与风险评估、稳定控制分析、电网规划设计等标准规范。

（3）信息系统支撑。通过信息系统和终端设备，动态监测系统实时运行情况、设备运行状况、关键设备周边隐患、重要施工现场、用户侧风险等，利用大数据智能分析，全方位自动扫描分析电网风险，及时预警。

（4）完善仿真模型。实现对电网网架结构、网架异常、风险点、薄弱点等智能识别分析，全面揭示系统运行风险。

【运转效果】实时监测影响系统安全、稳定运行的因素，全面动态评估风险并及时预警，落实风险分级管控和隐患治理策略，有效应对突发事件，基于电网风险逐步完善网架结构，应用自愈等技术，持续提升电网抗风险能力，实现电网安全稳定运行。

## 4. 检查改进

【日常检查】各级系统运行专业通过信息系统、调度工作评价等方式，验证电力安全事件、防范电网风险重点工作落实、运行方式安排、关键设备运维、保底电网建设等情况，分析电网风险管控效能和人员履职情况。

【总结改进】三、四级单位总结改进电网风险评估、风险控制及隐患治理等情况，通过修编两书等改进管理机制。二级单位总结改进防范电网风险重点工作落实、运行方式安排、信息系统运转等情况，公司组织研究改进电网风险管控的制度、方法、标准。

## （二）电网运行方式管理

### 1. 识别对象

【管理对象】管控公司系统各单位编制执行电网运行方式、指导电力系统运行、提出电网建设需求的全过程。

【业务目的】掌握电网运行特性，揭示电网运行风险，优化系统内发电、输电、供电计划，保障电力有序供应，确保电力系统安全、优质、环保、经济运行。

【风险原因】存在电力供需不平衡、电能质量不合格、网损严重、电网稳定破坏、大面积停电等风险。主要原因包括资料收集不完整、数据预测不准确、分析不系统、方式安排不合理、分析工具支撑不足、审核不严、专业协同不足等。

**2. 建立机制**

【职责界面】公司系统运行专业制定总体原则、方法、标准，编制执行所辖区域电网的运行方式，负责全网供需平衡管理及主网安全风险管理，公司各专业负责提供运行方式相关资料数据。二、三级单位系统运行专业分别编制执行所辖区域电网的运行方式，负责电力供需平衡管理及电网风险管理；二、三级单位市场营销专业负责协同落实错避峰等有序用电措施。

【机制内容】

（1）制定策略。运行方式编制时应综合考虑防止事故、降低风险、符合标准、降低损耗、避免设备超期未试未检等因素，按照三年、年、月、周、日的周期进行编制，特殊情况应编制特殊运行方式，杜绝停电范围、时间等不合理带来人身安全隐患。按照下一级电力系统服从上一级电力系统、低电压等级服从高电压等级的原则安排运行方式。

（2）收集资料。全面识别并收集运行方式编制所需资料数据，关注电网发展规划、购售电计划、基建投产计划、技改计划、发电设备投产计划、负荷预测等资料，严格审核资料数据的准确性。上、下级调度机构及相关专业应做好纵向、横向的衔接协同，提供发输供电计划、综合停电计划等相关资料。

（3）编制报告。应用运行方式数据分析模型准确分析，根据分析结果，分别编制三年、年、月、周、日电网运行方式。不同周期运行方式应分别重点分析以下内容，并体现在方式报告中。

1）电网三年运行方式应关注电网基准风险缓解要求、社会中长期用电需求、电网与电源中长期发展规划、"双碳"目标、急需建设项目等。

2）电网年运行方式应关注电网基准风险控制要求、年度发电计划、年度电力电量预测与平衡、年度设备检修计划、电网潮流特征、电网稳定特性、设备风险等。

3）电网月、周、日及特殊运行方式应关注电网基准风险控制要求、运行方式变化时的电网风险控制要求、作业风险控制要求、设备风险控制要求，综合考虑电力电量平衡、发电计划、备用容量管理、综合停电管理、稳定断面控制、电网建设、设备检修、市场交易等因素。

（4）发布执行。逐级审核会签运行方式报告，并报上级调度机构。严格执行正式发布的运行方式，当实际系统运行形势发生较大变化时，应组织相关部门协商，根据需要重新分析并调整运行方式具体内容及执行要求。

（5）分析改进。定期统计分析电力平衡、错峰平衡、网损情况、负荷预测、电量预测、综合停电计划、电网风险管控、设备风险管控、作业风险管控、急需项目建设等情况，点面结合分析问题原因，融入日常管理以完善长效管理机制。

**3. 机制运转**

【技术支撑】

（1）健全制度标准。公司、二级单位建立相互承接的电网运行方式管理制度和两书，三级单位承接编制本地化两书，涵盖制定策略、收集资料、编制报告、发布执行、分析改进等管理环节，分层分级明确管理要求和实施方法。

（2）完善技术标准。建立健全运行方式编制规范、安全稳定计算分析导则等标准，保证运行方式编制科学准确。

（3）仿真模型支撑。完善仿真模型，实现准确计算、系统分析并模拟，提升方式编制的科学性。

【运转效果】全面收集分析运行方式相关数据，科学制定运行方式安排，严格执行运行方式计划，实时动态监测并有效调控方式安排，实现电网安全、优质、环保、经济运行。

**4. 检查改进**

【日常检查】公司及二级单位通过信息系统、调度工作评价等方式，检查运行方式资料数据、方式报告、方式执行调整、电网建设投产等情况，分析运行方式管理效能和人员履职情况。

【总结改进】三级单位定期总结改进运行方式数据质量、方式安排与执行等方面的问题，通过修编两书等改进管理机制。二级单位完善数据分析模型等工具，优化专业之间沟通协同机制。公司组织研究改进运行方式编制原则、方法、标准。

## （三）发电管理

**1. 识别对象**

【管理对象】管控公司系统生产经营单位发电计划编制、沟通、发布、执行的全过程。

【业务目的】科学制定发电计划，充分利用可调发电资源，满足电力电量平衡需求，确保电网安全稳定运行。

【风险原因】存在电力电量不平衡、电力系统稳定破坏、启停失败、机组跳机等风险。主要原因包括负荷预测不准确、发电供应预测不准确、电煤供应不足、机组检修安排不合理、机组故障、计划安排无序等。

**2. 建立机制**

【职责界面】公司系统运行专业制定总体原则和制度标准，负责全网电力电量平衡，编制省间送受电计划，二级单位负责所辖区域电力电量平衡和发电计划管理，三级单位负责所辖区域电力电量平衡，编制下达直调电厂发电计划，收集发电企业供应预测等资料数据。

【机制内容】

（1）预测负荷需求。按照年、季、月、周、日开展负荷预测，准确预测不同周期最大、最小负荷需求及其用电需求。当负荷或电量需求大于供电能力时，根据需求与供电能力，预测最大错峰电力与受影响电量。

负荷预测应关注历史同期数据、气象条件、节假日、社会大事件、地方小电源发电等情况。

（2）预测水电及新能源供应。按照中长期（年、季、月）和短期（日）分别预测来水。中长期来水预测应参考中长期气象预报结果，结合中长期来水变化趋势，分析来水丰枯的总体形势并得出结论。短期（日）来水预测应根据水电厂流域的短期气象预报结果计算，得到短期水电厂入库流量过程。应预测并网新能源厂站的并网发电能力。

（3）预测火电供应。火电厂加强燃料供应情况预测，并按年、月、周、日上报燃料供应信息。电煤供应发生异常时，应立即报告调度机构，以确保公司各级调度机构准确掌控其调管范围内的发电燃料供应信息，做好发电燃料的预警预控。

（4）安排机组检修。收集电厂设备检修计划、检修申请，结合电网电力电量平衡分析以及输变电设备检修情况，统筹协调发电机组检修安排，发电企业按调度机构批复的检修工期完成设备的检修工作。

（5）安排发电组合。调度机构根据负荷预测、来水预测、新能源厂站发电能力预测、燃料供应预测、供热量预测、机组检修安排、市场化交易结果等因素，进行电力电量平衡，依据政府节能低碳调度要求，确定年、季、月、周、日机组发电组合，满足电力系统安全连续供电要求，并按规定预留必要的备用容量。

（6）制定发电计划。根据网间送受电、机组组合及负荷预测等情况，编制机组发电计划，经协调审批，形成正式发电计划并下达执行，调度机构结合系统电力平衡情况、安全约束、节能环保要求、经济运行原则，做好实时发电计划调控。

（7）分析改进提升。定期统计分析负荷、水电来水、火电燃料预测、供电平衡、方式安排等情况，结合发电机组组合安排、发电设备运维、发电设施隐患治理等，点面结合分析问题原因，融入日常管理以完善长效管理机制。

**3. 机制运转**

【技术支撑】

（1）健全制度标准。公司、二级单位建立相互承接的发电管理制度和两书，三级单位承接编制本地化两书，涵盖预测负荷需求、预测发电供应、安排机组检修、安排发电组合、制定发电计划、分析改进提升等管理环节，分层分级明确管理要求和实施方法。

（2）完善技术标准。建立健全负荷预测、水电来水预测、火电燃料预测、安全校核、发电计划调控等标准规范。

（3）完善信息系统。建立健全支撑机组组合安排，发电出力监视、控制，发电计划调控等全过程管理的信息系统。

（4）完善预测模型。完善负荷预测、水电来水及火电燃料供应预测分析模型。

【运转效果】科学准确预测负荷需求和发电供应，合理安排发电机组检修，科学组合发电机组，有效监控发电过程，实时动态调整发电计划及送受电计划，实现电力供应平衡和系统安全稳定运行。

**4. 检查改进**

【日常检查】公司及二级单位通过信息系统、视频监控、资料文件等方式，检查负荷预测、发电机组检修安排、启停机、发电出力、可调出力等情况，分析管理效能和人员履职情况。

【总结改进】定期收集发电单位关于数据预测、机组检修、机组状态、发电出力、燃料供应等存在的问题，通过修编两书等改进管理机制，二级单位优化发电计划、机组检修计划等方式安排，公司组织研究改进发电管理的制度、方法、标准。

**（四）并网管理**

**1. 识别对象**

【管理对象】管控公司系统各单位新设备并网以及南方电网与外部电网的联网工作，包括并网前期管理、并网准备、并网启动和试运行管理。

【业务目的】控制并网过程的安全风险，确保电网和设备安全、可靠地接入运行系统。

【风险原因】存在启动设备故障、越级跳闸、短路电流超标、断面越限、系统失稳、人身伤亡等风险。主要原因包括风险评估不全面、设备验收把关不严、启动方案质量不高、现场安全措施不足、误碰误操作等。

**2. 建立机制**

【职责界面】公司系统运行专业制定总体原则和制度标准，负责南方电网与外部电网的联网管理，基建专业负责并网设备的调试和验收，二、三级单位负责调管范围内的新设备启动并网管理。

【机制内容】

（1）做好前期规划。做好系统运行与规划建设的衔接，参与电网规划、可研、工程设计等环节的研究与评审，基于系统运行特性、问题、风险，提出系统规划、设备选型、停电施工相关要求并跟进落实。

（2）审核并网条件。并网前应按程序完成启动条件审核，确保技术条件、试验情况、并网资料、调度管辖关系、并网调度协议、人员资格、运行规程、应急预案、并网申请等满足并网条件，提前做好保护定值、保信子站、自动化系统、通信设备的调试验收。

（3）制定启动方案。评估启动过程风险，制定启动方案，明确并网条件、并网风险管控、操作步骤、应急处置程序等内容。启动前应完成启动方案的编制、审核、批准。

（4）管控并网过程。并网过程严格按照启动方案统一指挥，逐步执行。现场不得擅自操作或在新设备上进行检修试验等工作，启动过程严格执行作业风险管控要求，做好一、二次设备之间的配合，启动过程中发现方案或设备异常，应由启委会研究处理，具备条件后方可继续启动。

（5）做好试运行。明确设备试运行期间的管理职责和要求，做好试运行期间风险评估与管控，跟踪处理试运行期间发现的问题，确定设备试运行时间，经审核满足正式运行条件后转入正式运行，规范移交试验报告等相关资料。

（6）分析改进提升。定期统计分析并网申请资料报送、并网准备、启动异常、启动过程控制、试运行期间异常等情况，点面结合分析问题原因，融入日常管理以完善长效管理机制。

**3. 机制运转**

【技术支撑】

（1）健全制度标准。公司、二级单位建立相互承接的并网管理制度和两书，三级单位承接编制本地化两书，涵盖前期规划、并网条件、启动方案、并网过程、试运行、分析改进等管理环节，分层分级明确管理要求和实施方法。

（2）完善技术标准。建立健全并网设备调试验收规范、并网运行管理规定、并（联）网协议、试运行规范等标准，支撑并网管理规范开展。

（3）完善信息系统。建立完善信息系统，实现并网申请、并网条件审批、启动方案管理、并网过程控制、并网问题跟踪的全过程信息化管理。

（4）完善仿真平台。建立完善仿真模型，实现针对并网过程的仿真评估，计算系统静态稳定、动态稳定、暂态稳定和短路电流水平，识别预控并网过程的系统运行风险。

【运转效果】全面识别并管控并网风险，科学制定启动方案，并网过程安全有序高效，相关设备或电网安全有序接入运行系统。

**4. 检查改进**

【日常检查】各单位通过信息系统、资料文件及现场检查等方式，检查并网启动条件、并网资料、启动方案、并网过程、并网问题跟踪闭环等内容，分析并网管理效能和人员履职情况。

【总结改进】三级单位定期总结改进并网资料管理、并网流程、并网设备验收、启动过程风险控制等内容，通过修编两书等改进管理机制。二级单位总结改进相关部门沟通衔接、并网前期管理、投产计划落实、调度协议管理等内容。公司组织研究改进并网管理制度、技术方法。

## （五）稳定控制管理

### 1. 识别对象

【管理对象】管控公司电力系统安全稳定分析、控制策略制定执行、稳控装置运行维护的全过程。

【业务目的】辨识影响系统安全稳定的危害因素，评估系统稳定特性，揭示并控制系统安全稳定运行风险，防止电力系统稳定破坏与系统崩溃，促进电力系统网架结构优化完善。

【风险原因】存在系统失稳、非正常解列、系统崩溃、电能质量不合格等风险。主要原因包括干扰系统稳定因素辨识不全、分析不科学、控制策略不合理、稳控装置故障等。

### 2. 建立机制

【职责界面】公司系统运行专业制定总体策略和制度标准，二级单位按调管范围负责审查规划设计、制定稳控策略，三级单位负责所辖区域电网安全稳定计算以及稳定控制系统的建设改造、装置运维。

【机制内容】

（1）做好系统规划。规划设计应统筹考虑系统稳定因素，结合年度基建投产计划和电网结构变化，研究安全稳定控制策略，逐步完善电网和电源结构，关注继电保护、稳定控制、通信、自动化等二次系统的配置。

（2）开展稳控分析。全面识别影响电网稳定控制的因素，应用稳定控制计算分析模型，系统准确地开展电力系统稳定控制计算分析，重点关注静态稳定、暂态稳定、动态稳定、频率稳定、电压稳定等方面分析。分析结果作为确定系统安全稳定措施和电网运行控制的依据。基于风险和运行方式的变化，动态开展系统稳定控制分析。

（3）制定管控策略。根据电网稳定运行风险，制定中长期和短期的控制策略，应关注电力系统的适应性、"三道防线"的协调性、实施的可行性等因素。根据用户特点及安全运行要求，制定事故事件限电序位表和计划限电序位表，序位表应完成审批并根据变化适时调整。

（4）配置稳控装置。科学配置稳控装置，落实与稳定控制相关的装置规划措施。一次设备投产时，相应的继电保护装置、安自装置、稳定控制装置等二次设备应同步投入，投入前应确保装置功能、回路等验收合格。

（5）做好装置运维。制定稳控装置运维计划，开展稳控装置的巡视、定检、版本升级等维护工作，关注定检过程中二次安全措施，实时监测设备运行状态，及时发现设备问题并按照缺陷处理要求做好信息报送和处理。

（6）分析改进提升。定期统计分析系统稳定风险缓解、稳控装置配置、装置运维、缺陷处理、稳控装置动作等情况，分析问题原因，融入日常管理以完善长效管理机制。

**3. 机制运转**

【技术支撑】

（1）健全制度标准。公司、二级单位建立相互承接的稳定控制管理制度和两书，三级单位承接编制本地化两书，涵盖系统策划、稳控分析、管控策略、装置配置、装置运维、分析改进等管理环节，分层分级明确管理要求和实施方法。

（2）完善技术标准。建立健全公司系统稳定计算分析、稳定装置调试验收、稳定策略分析等技术标准。

（3）完善信息系统。建立完善信息系统，实时监测稳定控制装置，自动获取数据，及时告警异常并辅助决策，实现定值更改等工作的远程运维，提升效率。

（4）完善计算模型。通过稳定控制计算分析模型评估系统静态稳定、动态稳定、暂态稳定和短路电流水平等，识别系统稳定控制风险，提出管控策略。

【运转效果】全面识别影响系统稳定控制的危害因素，准确评估系统稳定风险，落实风险管控策略，实时监测分析系统稳定状态，及时发布风险预警，完善稳定控制装置配置并科学运维，有效应对影响系统稳定的突发事件，实现电网安全稳定运行。

4. 检查改进

【日常检查】各单位通过信息系统、资料文件、调度工作评价等方式，检查电网规划、系统稳定策略、防范电网风险重点措施落实、稳控装置运维等内容，分析管理效能和人员履职情况。

【总结改进】三级单位定期总结改进稳定控制装置验收、运维、缺陷处理、改造等工作，通过修编两书等改进管理机制。二级单位分析电网稳定风险缓解、稳定控制策略落实情况，改进仿真计算模型，公司组织研究改进稳定控制策略和制度标准。

## （六）电力市场运营管理

1. 识别对象

【管理对象】管控公司系统电力市场的建设与运营过程。

【业务目的】控制电力市场建设与运营风险，保障电力市场环境下电网安全、优质、经济、环保运行。

【风险原因】存在影响电力系统安全运行、供应不稳定、市场熔断、现货市场交易系统崩溃、信息披露不及时等风险。主要原因包括市场运营风险分析不到位、预警控制不足、技术支持系统不完善、日前预测不准确、违规操作等。

2. 建立机制

【职责界面】公司系统运行专业负责制定总体原则和制度标准，管理南方区域电力现货市场建设与运营，市场营销专业负责制定结算规范。二级单位负责省内电力现货市场的建设与运营，电力交易中心负责相关技术系统的建设和运维。

【机制内容】

（1）开发市场品种。综合考虑电力供需形势、保障电网安全稳定运行、落实西电东送战略、促进清洁能源消纳等因素开展市场品种开发，充分评估安全和运营风险。开展市场品种、交易机制、交易流程等设计与建设时应遵循电力市场规律，充分响应市场主体诉求。

（2）做好市场服务。系统识别服务对象和服务业务范围，开展运营市场咨询、宣贯培训、投诉服务、市场主体注册等服务工作，配置所需资源。公司系统运行专业统筹开展现货电能量及辅助服务市场的信息披露工作，通过电力交易机构平台统一、规范、及时对外发布信息。

（3）组织电力交易。全面评估日前电力市场交易风险，综合考虑负荷预测、跨省跨区送受电曲线、机组出力曲线、检修计划、电网安全运行约束条件等因素，出清得到运行日的开机组合、分时发电出力曲线以及节点电价等。开展日前电能量市场安全校核，关注电网安全稳定和电力平衡因素，制定应急策略，实时监测交易运行日系统运行相关指标，可能引发电力系统运行安全及供应风险时，优先保障安全及供应。

（4）做好市场结算。电力交易机构根据交易合同、交易计划和执行情况，按照市场交易规则出具各市场主体的结算依据并做好校核。在市场管理技术系统上规范、透明编制市场清算和结算依据。

（5）开展市场监测。按照政府监管部门制定的市场监管规则，统筹开展市场监测，关注行使市场力、市场串谋、市场操纵、市场不当套利等行为。经判定市场主体存在交易异常行为的，应当根据监管规则和交易规则进行处理。

（6）分析改进提升。定期统计分析系统安全稳定、电力平衡、市场交易与执行、市场关键指标、市场风险管控等情况，形成市场分析报告，分析问题原因，融入日常管理以完善长效管理机制。

**3. 机制运转**

【技术支撑】

（1）健全制度标准。公司、二级单位建立相互承接的电力市场运营管理制度和两书，涵盖市场品种、市场服务、电力交易、市场结算、市场监测、分析改进等管理环节，分层分级明确管理要求和实施方法。

（2）完善技术标准。建立健全负荷预测、日前交易风险评估、电力交易平台验收、市场准入、市场结算等标准规范。

（3）完善信息系统。完善电力交易技术系统，实现电力市场主体注册、电力交易、信息披露、结算凭据出具、市场干预全流程信息化管理，全过程记录电力市场交易各环节执行情况。

【运转效果】系统评估电力市场运营风险，有效管控日前电力市场交易风险，保障电力可靠供应，形成规范有序的电力市场环境。

**4. 检查改进**

【日常检查】公司及二级单位通过信息系统、资料文件、现场检查等方式，检查系统稳定、电力平衡、负荷预测、机组开机组合、日前交易结果出清、信息披露等情况，分析管理效能和人员履职情况。

【总结改进】公司及二级单位定期收集三级单位及电力交易中心等在电力市场运营中的问题，分析电网安全运行、电力平衡、技术支持系统运行、信息披露等情况，协调政府等相关方解决困难，公司组织研究改进电力市场管控机制、方法、标准。

## （七）调度监控管理

**1. 识别对象**

【管理对象】管控公司系统生产经营单位系统运行的调度指挥、运行监视、操作控制及异常处置的全过程。

【业务目的】全面掌控电力系统运行状态，及时发现并处理系统运行异常，管控电网运行实时风险。

【风险原因】存在误指挥、误调度、违规操作、扩大故障范围、事件升级等风险。主要原因包括违反调度规程、监视不到位、异常处置不及时、监控系统故障等。

**2. 建立机制**

【职责界面】公司系统运行专业负责制定总体原则和制度标准，统筹指挥和协调所辖范围的调频、调峰、调压及事故处理等；市场营销专业负责协同落实日内紧急错避峰等有序用电措施；各专业部门负责落实系统运行风险防控措施。二、三级单位负责所辖范围的调度指挥、运行监视与异常处置等，监督各生产运行单位严格执行调度指令。

【机制内容】

（1）建立调度系统。按照统一调度，分级管控原则，划分调度管辖范围，明确各级调度机构管辖设备。完善电网调度与监控的软、硬件系统，关注系统防误功能配置、网络安全管控、特殊情况下应急处置等要求。建立系统运行值班机制，匹配值班资源，满足调度监控业务需要。

（2）规范调度指挥。按照系统运行方式开展调度指挥与操作控制，执行检修计划时应确保系统安全措施完整、有效。调度操作应做好事故预想和风险分析，开展模拟预演，严格执行调度规程和操作指令票，落实作业风险管控要求，杜绝误操作、误调度行为。各级调度员应经考核认证，具备相应的资质和能力，在调度管辖范围内行使调度指挥权，对其发布的调度命令正确性负责。

（3）做好运行监控。对系统、设备的全局性、重要性信息开展 24 小时不间断的监视，关注电源与负荷、电压与频率、潮流与断面、调度命令下达与信息交换、紧急事件与事故处理等情况，充分考虑电网运行方式调整、设备运行工况等直接或间接影响设备运行的因素。健全异常信号分级预警功能，有效识别判断异常信息，实现智能化调度监控。

（4）做好异常处理。完善电网事故事件异常处理流程，关注异常信息的及时沟通报送。各级调度机构根据管辖范围开展电网事故事件处理，相关单位、部门做好协同，及时调整电网运行方式，限制事故事件发展，管控调管操作过程中的人身、设备安全。

（5）分析改进提升。各级调度机构总结分析运行方式执行、调度信息报送、监控准确率、调度操作票合格率、异常处理等情况，点面结合分析问题原因，制定整改措施，融入日常管理完善长效机制。

**3. 机制运转**

【技术支撑】

（1）健全制度标准。公司、二级单位建立相互承接的调度监控管理制度和两书，三级单位承接编制本地化两书，涵盖调度系统、调度指挥、运行监控、异常处理、分析改进等管理环节，分层分级明确管理要求和实施方法。

（2）完善技术标准。建立健全调度与监控人员资格管理、操作规程、异常处理、事故事件处置等标准规范。

（3）完善信息系统。完善电网智能辅助决策系统，实现电网运行态势智能感知、故障智能分析；建立网络级调度防误操作平台，实现调度操作技术防误，推动操作业务全过程"一键可达"和现场无人化。

【运转效果】调度监控系统稳定运行，智能辅助决策系统准确高效，实现超前分析、及时预警、快速响应、动态闭环管控系统运行风险。

**4. 检查改进**

【日常检查】公司及二级单位通过信息系统、调度工作评价等方式，检查人员资质、信号监视正确率、操作票合格率、信息报送准确率、异常处置等情况，分析管理效能和人员履职情况。

【总结改进】三级单位定期收集改进调度监控系统应用、人员资质管理、调度值班、设备远方控制、异常处理等方面存在的问题，通过修编两书等改进管理机制。二级单位优化调度值班机制和异常处理流程，公司组织研究改进调度监控信息系统功能，优化管控机制和制度标准。

## （八）通信网络设备管理

### 1. 识别对象

【管理对象】管控公司系统各单位通信网络设备的规划建设、验收并网、运行维护、大修技改、退役报废的全过程。

【业务目的】识别并管控通信网络设备运行风险，保障通信网络安全、可靠。

【风险原因】存在通信中断、设备故障、通信系统异常、网络安全等风险。主要原因包括规划不同步、并网验收不规范、方式策划不合理、设备质量不足、运维不到位等。

### 2. 建立机制

【职责界面】公司系统运行专业负责制定总体策略和制度标准，负责主干通信网和一级通信电路运行管理。二级单位负责省级通信网和二级通信电路运行管理。三级单位负责本地区电力通信网和三级通信电路运行管理，负责所辖通信设备运维管理。

【机制内容】

（1）做好规划建设。各单位根据电网需求和特点，规划并建设与电网运行相适的电力通信系统，实行统一规划、统一标准、分级建设，一次和二次专业相互协同，充分考虑应急通信管理要求。工程配套的通信工程建设应同时设计、同时建设、同时验收、同时投入使用。

（2）规范并网投运。各单位通信设备并网应经验收、调试合格，按照接入要求和程序并网，严防新建、改造的设备带缺陷投运。并入电力通信网的通信新设备及新建通信资源，应纳入调度管理范畴，由调度机构明确其调度管辖关系和调度命名。通信网络应完成定级、备案及测评等要求，确保满足二次安全防护要求。

（3）制定运行方式。各级调度机构遵循"统一调度、分级管理、分级集中监控"原则，建立运行管控系统，集中监控通信网络运行情况。编制年、月电力通信运行方式，综合考虑通信网络结构、一次系统建设、检修安排、通信系统 $N-1$ 故障分析、通信网络风险管控等因素，做好运行方式变化管理。

（4）开展设备运维。各单位组织开展通信设备风险评估，根据评估结果、电网检修计划等制定通信设备差异化运维计划，避免因通信检修造成电网重复停运、通信电路重复退出。按规程执行通信设备的定检、预试、维护、试验、技改、基建配合、新设备启动调试等工作，及时发现并消除缺陷和隐患，确保通信网络设备运行环境满足技术要求。运维人员应具备相应资质，运维过程严格落实作业风险管控要求，确保作业人员安全。

（5）做好应急通信。建立应急通信系统，综合考虑内外部影响因素，结合电力突发事件、重要保电、重大活动的应急保障要求，制定应急通信实施方案，开展应急演练与培训，确保极端情况下的通信顺畅。

（6）分析改进提升。定期分析通信设备规划建设、验收调试、运行维护、检修试验、故障处理等情况，点面结合分析问题原因，制定整改措施，融入日常管理完善长效机制。

### 3. 机制运转

【技术支撑】

（1）健全制度标准。公司、二级单位建立相互承接的通信网络设备管理制度和两书，三级单位承接编制本地化两书，涵盖规划建设、并网投运、运行方式、设备运维、应急通信、分析改进等管理环节，分层分级明确管理要求和实施方法。

（2）完善制度标准。建立完善通信设备并网接入、设备验收、定期检测试验等技术标准，促进通信设备规范管理。

（3）健全监控系统。建立集约化监控，及时告警电源电路缺陷，通信电源紧急、重大监控接入电网调度系统，实现对通信网络 24 小时监控。

【运转效果】电力通信系统与电力运行系统高度匹配，实时监测通信网络设备状态，规范实施设备运维，及时处理缺陷异常，保障通信网络设备安全稳定运行。

**4. 检查改进**

【日常检查】各单位通过信息系统、资料文件、调度工作评价等方式，检查通信设备运行环境、通信缺陷处理、通信设备运维、检修计划落实、人员资质等内容，分析管理效能和人员履职情况。

【总结改进】三级单位定期总结改进人员资质、通信系统、通信设备质量、通信技术应用、设备运维等方面存在的问题，通过修编两书等改进管理机制。二级单位优化通信设备检修、运维、缺陷处理策略以及系统年运行率等考核指标。公司组织分析改进通信系统功能，优化制度标准。

## （九）继电保护设备管理

**1. 识别对象**

【管理对象】管控公司系统生产经营单位继电保护设备的入网验收、定值管理、运维、技术改造、退役的全生命周期。

【业务目的】保证继电保护设备处于健康状态，具备设定功能，保障一次设备安全稳定运行。

【风险原因】存在装置故障、保护功能不完善、保护不正确动作、越级跳闸、故障未切除、扩大故障范围等风险。主要原因包括设备质量不良、运维不到位、二次回路连接错误、通道故障、设备超期服役、定值整定错误、误碰误动等。

**2. 建立机制**

【职责界面】公司系统运行专业制定总体原则和制度标准，二、三级单位承接本地化，二级单位制定保护装置运维策略，三级单位负责所管辖继电保护装置的全生命周期管理。

【机制内容】

（1）做好规划建设。开展继电保护设备的配置规划，按照快速、准确切除故障的原则，设计继电保护设备的性能参数、保护功能和运行条件，做好一、二次设备协调配合。开展继电保护设备的性能检测、入网测试、设备监造等品控管理，把好设备质量关。按照验收标准对新入网继电保护装置开展调试验收，关注装置功能和二次回路的完备性、正确性，保证设备零缺陷入网。

（2）整定更改定值。定值计算实行计算、校对、审核、批准四级责任制，应保证电网内各级保护装置定值有效配合，并落实反措要求，确保定值准确。定值执行时应专人核对，确保装置内定值与定值单一致，运行方式变化时，及时做好装置定值配合更改。

（3）开展设备运维。根据设备状态评价和风险评估结果，制定差异化运维策略，统筹安排一、二次设备定检工作，避免重复停电。开展装置功能和二次回路校验，做好一、二次安全措施，落实作业风险管控要求。编制继电保护装置现场运行规程，定期开展设备运维，做好保护装置投退与一次设备的配合。

（4）做好异常处理。实时监控继电保护装置运行状态，出现异常或动作后，做好信息报送，及时处理装置缺陷，保证带电设备带保护运行。保护装置动作后，应对动作情况进行分析，判断正确性，形成分析报告。

（5）技术改造与报废。对于达到运行年限或经评估需要进行更换的设备，应匹配资源及时立项进行设备改造。做好设备改造的风险评估，落实作业风险管控要求，理清二次回路，避免发生误碰、误动作。对于达到退役报废条件的设备，应按照退役、报废标准，纳入年度资产退役计划，规范实施设备报废。

（6）分析改进提升。定期统计分析保护设备的投运验收、日常运维、检测定检、缺陷处理、误动拒动、故障切除等情况，点面结合分析问题原因，制定整改措施，融入日常管理以完善长效机制。

**3. 机制运转**

【技术支撑】

（1）健全制度标准。公司、二级单位建立相互承接的继电保护设备管理制度和两书，三级单位承接编制本地化两书，涵盖规划建设、整定定值、设备运维、异常处理、改造报废、分析改进等管理环节，分层分级明确管理要求和实施方法。

（2）完善技术标准。建立健全继电保护设备技术规程、整定计算规程、运行管理规程、试验检验规程等标准规范，促进继电保护装置的规范管理。

（3）完善信息系统。实现对继电保护设备入网管理、台账管理、日常运维、定检试验、缺陷管理、退役报废等全生命周期信息化管理，通过信息系统实时运行监视、远方操作等，发现异常及时告警，记录保护动作信息。

【运转效果】继电保护设备状态良好，保护定值匹配准确，保护动作及时正确，精准隔离故障，有效保障一次设备安全稳定运行、支撑智能运维。

### 4. 检查改进

【日常检查】各单位通过信息系统、现场检查、调度工作评价等方式，检查继电保护装置验收、定值整定、缺陷处理、定检计划完成、超期服役等情况，分析管理效能和人员履职情况。

【总结改进】三级单位定期总结改进继电保护设备验收、运维方式、缺陷处理、技术改造等方面的问题，通过修编两书等改进管理机制。二级单位优化继电保护定值整定策略、异常处理流程、保护动作分析方法等。公司组织研究改进继电保护设备管控制度、方法、标准。

## （十）调度自动化设备管理

### 1. 识别对象

【管理对象】管控公司系统生产经营单位调度自动化设备并网、运维、技术改造和退役的全生命周期。

【业务目的】确保调度自动化系统安全、稳定、可靠运行，实现对电力系统的测量、监视、控制、分析、运行管理功能。

【风险原因】存在装置故障，信息中断或错误，响应时间、调节速度或数据精度不足，调度自动化系统失灵、误遥控、误遥调等风险。主要原因包括设备制造质量不良、入网验收把关不严、运维不足、缺陷处理不及时、设备超期服役等。

**2. 建立机制**

【职责界面】公司系统运行专业制定总体原则和制度标准，二级单位负责调度自动化系统功能的完善以及新技术、新设备的研究应用，三级单位负责调度自动化设备的全生命周期管理。

【机制内容】

（1）做好系统建设。建立与电网运行相适应的调度自动化系统，运用过程中收集需求和建议，不断优化迭代系统功能。重点关注信息传输的准确性、运行监控调控的安全性、调度控制的可靠性、不同重要程度信息数据的处理要求、应用人员的人机工效要求、信息数据的安全防护要求等。

（2）规范并网管理。调度自动化设备的建设应与一次设备同步设计、同步施工、同步验收、同步投入运行。并网前严格落实反措要求，经测试验收合格，满足正式运行条件后，方可正式投入运行。设备投运前应完成参数设定、版本确认及定值核对等工作，保证功能正常，关注并网前落实网络安全等级保护测评和安全防护评估等要求。

（3）开展运行维护。完善调度自动化人员资格管理要求，严格持证上岗。落实运行值班机制，健全运维标准，落实巡视维护、设备定检等工作，作业中严格执行作业风险管控要求。实时监控调度自动化设备运行状态，出现异常应做好信息报送和处理。制定应急管理措施，有效应对突发事件。

（4）技术改造与报废。达到运行年限或经评估需要更换的设备，应匹配资源及时立项更换。做好设备更换的风险评估和管控，对系统稳定运行有较大影响时，必须完成技术论证。针对达到退役报废条件的设备，纳入年度资产退役计划，规范实施设备报废。

（5）分析改进提升。定期统计分析调度自动化设备调试验收、日常运维、故障处置、缺陷处理、反措执行、运行指标等情况，点面结合分析问题原因，制定整改措施，融入日常管理以完善长效机制。

**3. 机制运转**

【技术支撑】

（1）健全制度标准。公司、二级单位建立相互承接的调度自动化设备管理制度和两书，三级单位承接编制本地化两书，涵盖系统建设、并网管理、运行维护、改造报废、分析改进等环节，分层分级明确管理要求和实施方法。

（2）完善技术标准。建立健全调度自动化设备的调试验收、试验检验、远动协议、监视信息、告警设置等标准规范，促进调度自动化设备的规范管理。

（3）完善信息系统。实现对调度自动化设备入网管理、台账管理、日常运维、定检试验、缺陷管理、退役报废等全生命周期信息化管理，通过信息系统实时运行监视、远方操作等，发现异常及时告警，准确记录设备异常信息。

【运转效果】调度自动化设备安全先进，调度自动化系统可靠稳定运行，实时监控电网及设备状态，为方式调整、运行检修、故障处置、智能运维等提供有效决策和系统支撑。

**4. 检查改进**

【日常检查】各单位通过信息系统、调度工作评价等方式，检查调度自动化设备验收、定值整定、缺陷处理、定检完成、运行指标等情况，分析管理效能和人员履职情况。

【总结改进】三、四级单位定期总结调度自动化设备质量、运维方式、缺陷处理、技术改造、系统功能等方面的建议，通过修编两书等改进管理机制。二级单位优化系统功能、运维策略、反措要求以及新技术应用等。公司组织研究改进管控制度、方法、标准。

## （十一）电力监控系统网络管理

### 1. 识别对象

【管理对象】管控公司各级电力监控系统的网络安全风险。

【业务目的】系统管控电力监控系统设计、投运、运维、退运的全生命周期网络安全风险，确保电力监控系统网络安全稳定。

【风险原因】存在高危漏洞未修复、边界策略开通过宽、基础配置不合网络安全规定、设计不满足网络安全要求等情况，以及被网络攻击造成系统被破坏或控制、数据被窃取等风险。主要原因包括系统设计阶段安全考虑不足、并网投运阶段安全检测把控不严、漏洞排查整改不到位、风险应对措施落实不到位、网络安全设备运维不到位、退运阶段数据安全管控不严等。

### 2. 建立机制

【职责界面】公司系统运行专业负责制定电力监控系统网络安全管控原则、要求和标准。二、三级单位系统运行专业承接本地化，各级系统运行专业负责电力监控系统网络安全全过程管理。

【机制内容】

（1）总体管理原则。各单位电力监控系统网络安全防护应随电力监控系统同步规划、同步设计、同步建设、同步验收、同步运行，遵循"安全分区、网络专用、横向隔离、纵向认证"的总体防护策略，对于突发的网络安全风险采取应对措施，全面落实国家网络安全等级保护和电力监控系统安全防护要求。

（2）可研阶段管控。各单位电力监控系统建设及改造的可研、设计阶段，应重点审查系统安全保护等级、网络分区准确性、网络安全相关设备配置情况、项目预留安全测试预算等，确保系统的网络安全措施同步设计。

（3）投运阶段管控。各单位电力监控系统相关网络安全设备并网、投运阶段，应重点审查系统安全检测、中高风险消除、网络安全设备策略定值等情况，确保网络安全相关设备及措施同步建设、同步运行。

（4）运行阶段管控。各单位做好电力监控系统相关设备运行状态监视、作业风险管控、应急处置、缺陷管理工作。按照等级保护等要求，定期开展电力监控系统网络安全测评和督查检查。及时排查整改安全漏洞，整改完成前应制定临时处置措施。根据内外部形势变化，动态调整网络安全风险等级和管控措施，确保系统网络安全风险持续闭环管控。

（5）退运阶段管控。各单位电力监控系统及设备退运前，应评估安全影响并安全转移数据。及时清除或者销毁退运、废弃设备所含的涉密、敏感信息。

（6）分析改进机制。定期分析查找机制运转中的问题，关注技术标准的依从性、安全检测与评估的科学性、运维的规范性等，分析原因，制定措施融入日常管理，完善长效管理机制。

### 3. 机制运转

【技术支撑】

（1）健全制度标准。公司、二级单位建立相互承接的电力监控系统网络安全管理制度和两书，三级单位承接编制本地化两书，涵盖总体原则、可研管控、投运管控、运行管控、退役管控、分析改进等管理环节，分层分级明确管理要求和实施方法。

（2）健全技术标准。完善电力监控系统网络安全设计、建设、运维、防护、督查检查及网络安全风险定级标准。

（3）完善信息系统。完善电力监控系统网络安全风险管控系统，通过信息化手段建立并管理网络安全风险数据库，实时检测各电力监控系统的漏洞整改、安全配置、措施闭环等情况。

【运转效果】电力监控系统设计、投运、运维、退运过程规范有序，各系统网络安全风险动态更新记录并及时整改，网络安全设备运行稳定，防护策略可靠、高效。

**4. 检查改进**

【日常检查】各级单位对所辖主站系统及下属单位主厂站系统通过在线监测、现场抽查等方式进行检查，重点验证风险数据库动态更新情况及风险措施闭环情况，分析各电力监控系统的网络安全风险管控效果。

【总结改进】三级单位系统运行专业定期收集所辖电力监控系统建设、运行单位执行网络安全风险管控策略时存在的问题，通过修编两书等改进管理机制。二级单位协调解决机制运转中的问题。公司组织研究改进电力监控系统网络安全管理的制度、方法和标准。

## （十二）二次作业风险管控

**1. 识别对象**

【管理对象】全过程管控公司系统生产经营单位各类人员开展的现场二次作业和主站端作业。

【业务目的】系统性管控现场二次作业风险，统筹配置资源，实现安全作业。

【风险原因】存在误跳运行设备、电网减供、设备损坏、主站系统失灵、生产实时控制业务通信通道中断、电力监控系统遭受攻击、人身伤亡等风险。主要原因包括计划安排无序、风险辨识不到位、误动误碰误操作、未做好二次安全措施、二次回路连接错误、运行维护不到位、一二次交叉作业风险管控不到位等。

**2. 建立机制**

【职责界面】公司系统运行专业负责制定二次作业及主站端作业风险管理的制度标准和分级管控要求。二、三级单位承接本地化，二级单位制定典型作业类型风险清单，三级单位落实二次作业及主站端作业全过程风险管控。

【机制内容】

（1）管控作业计划。计划性和临时性作业任务全部纳入作业计划，临时作业任务经审批后纳入计划管理，严防体外循环，关注缺陷处理中需要临时增加工作任务或扩大工作范围的作业。通过评估饱和度严控工作节奏，分级沟通协调，匹配资源。

（2）开展风险评估。在基准风险评估基础上，发布本单位典型二次作业类型风险值，结合现场勘查、作业资源、作业环境等因素，开展场景式作业风险评估，全面、准确掌握现场作业风险。落实风险分级管控策略，强化对作业流程中关键环节的到位管控，关注跨专业作业时一次、二次关联的风险评估。

（3）做好作业准备。根据作业任务和风险等级，完成作业人员、文件、物资、工具等资源准备，关注作业相关图纸资料，禁止凭记忆拆接线，根据二次作业风险，匹配相应技能水平的人员。做好工作票及检修方案审核，关注二次安全措施单的准确性，确保与现场实际情况一致。

（4）管控作业过程。履行作业许可手续，规范开展现场安全交代，确保所有二次作业人员掌握现场作业关键环节和主要风险。规范执行二次安全措施单，执行过程应专人监护，关注同时在一次、二次设备工作的风险管控，发现不具备条件时现场人员可停止作业、有权拒绝作业。厂站作业时，各级人员根据风险等级开展现场、视频等形式管控，开展线上线下相结合的立体化、穿透式监督检查，鼓励主动暴露并改进。主站作业时，各单位应采取信息系统在线检查、作业资料抽检（包括运维日志、运维堡垒机录屏等）、电话问询、现场检查等管控方式，对作业风险开展管控。

（5）规范作业终结。厂站作业结束前应全面检查一次、二次设备及回路，逐项确认设备及回路恢复到工作开始状态。关注定值、二次临时接线、二次回路、压板、标识等内容。涉及修改二次回路时，应按图纸管理要求做好归档。主站作业结束前，应全面检查确认相关软硬件系统运行正常，无异常告警，相关措施已经解除，已恢复正常开始前状态。

（6）分析改进提升。定期统计分析作业体外循环、计划完成、临时作业占比、计划变更率、风险辨识、安全措施、二次措施单执行、现场违章等情况，点面结合分析问题原因，制定整改措施，融入日常管理以完善长效机制。

3. 机制运转

【技术支撑】

（1）健全制度标准。公司、二级单位建立相互承接的二次作业风险管控制度和两书，三级单位承接编制本地化两书，涵盖作业计划、风险评估、作业准备、作业过程、作业终结、分析改进等管理环节，分层分级明确管理要求和实施方法。

（2）完善技术标准。建立健全二次作业风险评估、饱和度评估、二次安全措施单、二次回路拆接线等技术规范。

（3）完善视频监控。根据实际情况灵活配置在线视频、执法记录仪等监控设备，优先对高风险、环境复杂、易失控、隐患多的作业实现视频监控。先确认视频连接正常再开展作业，将无视频作业纳入违章和四类问题查处。

（4）完善信息系统。对作业计划、风险评估、作业过程、人员到位等实现信息化管理，自动推送信息、统计数据。

【运转效果】所有二次作业的实施过程透明，全面识别、控制二次作业风险，合理匹配资源、及时发现并制止违章，实现二次作业风险立体化、源头化、透明化管控。

4. 检查改进

【日常检查】各单位分层分级通过信息系统、视频监控、电话语音、资料文件及现场检查等方式，检查作业计划、作业全过程、资源保障等内容，分析管理效能和人员履职情况。

【总结改进】三、四级单位定期总结二次作业风险管控方法和标准存在的问题，通过修编两书等改进管理机制。二级单位总结改进典型作业类型风险、场景式风险评估方法等。公司组织研究改进二次作业风险管控制度、方法、标准。

（十三）调度工作评价管理

1. 识别对象

【管理对象】管控公司系统对调度工作和指标完成情况进行评价及问

题整改的全过程。

【业务目的】系统识别各单位调度业务管理问题并客观评价，促进调度工作相关制度、规程落实，提升调度运行管理水平。

【风险原因】存在评价结果不真实、评价问题重复发生、评价结果应用不足等风险。主要原因包括评价标准与业务融合不足、评价内容覆盖不全、评价问题分析不足、闭环整改不足等。

**2. 建立机制**

【职责界面】公司系统运行专业制定总体原则和制度标准，组织对二、三级单位开展评价。二级单位承接细化评价标准，负责对三级单位开展全面评价。三级单位负责本单位自评价并落实问题整改。

【机制内容】

（1）制定评价标准。梳理系统运行专业各类规范性文件和要求，将业务运转的关键环节和指标纳入评价项目，覆盖"基础工作、技术支持系统、工作质量、工作成效"四个维度。按照"日常评价＋现场检查"相结合方式，全面客观评价各单位系统运行水平，评价项目应根据实际动态调整，保证适用性和可操作性。

（2）制定评价计划。按照分层分级管理的原则制定计划，日常评价做到各单位全覆盖，现场评价应每三年完成一次各单位全覆盖。公司系统运行专业审核确认申报现场评价单位星级条件达标后，结合年度电网风险分析、地区安全生产形势等情况，综合制定调度工作评价年度计划，对各级单位有序开展评价。

（3）管控评价过程。现场评价前，鼓励被评价单位开展问题自暴露，促进更加全面、系统揭示问题。评价工作组应明确分工安排和重点关注内容，以评价标准为依据，通过查看资料文件、系统数据并结合人员访谈等形式开展评价。评价过程应关注抽样量，并严格执行评价纪律要求，确保评价结果客观公正，现场评价结束应将突出问题及时反馈。

（4）发布评价结果。制定科学的量化计分规则，根据评价发现问题现象，客观准确转化为评价分值，编制各单位评价报告，经审核后公布评价结果，认定评价星级。评价结果作为上级调度机构对下级电网评先的重要依据，应用于公司安全生产评审等工作。制定评价星级动态调整规则，通过警告、降低星级或取消星级认定等形式，促进被评价单位持续做好日常管控。

（5）分析改进提升。定期统计分析调度工作评价标准、组织形式、评价专家管理、过程实施、评价发现问题整改等情况，点面结合分析问题原因，制定整改措施，融入日常管理以完善长效机制。

## 3. 机制运转

【技术支撑】

（1）健全制度标准。公司、二级单位建立相互承接的调度工作评价管理制度和两书，三级单位承接编制本地化两书，涵盖评价标准、评价计划、评价过程、评价结果、分析改进等管理环节，分层分级明确管理要求和实施方法。

（2）健全技术标准。制定调度评价评分细则、评价专家管理、星级调整规则等标准，支撑调度工作评价规范开展。

（3）完善信息系统。建立完善支撑调度工作评价的信息系统，实现评价计划、资料收集、评价专家管理、评价问题分析整改、评价结果公布等全过程信息化管理，指标类评价项目实现从数据库中自动采集。

【运转效果】系统、客观评价各单位调度工作质量，促进各单位查漏补缺，推动高质量落实调度工作相关制度、规程，实现调度管理的"评价、改进、巩固、提高"。

## 4. 检查改进

【日常检查】各单位通过信息系统、资料文件、现场检查等方式，检查评价标准、现场评价过程、评价报告、评价专家管理等内容，分析管理效能和人员履职情况。

【总结改进】三、四级单位定期总结改进评价发现问题整改情况，通过修编两书等改进管理机制。二级单位优化评价实施过程、评价内容等。公司组织研究改进调度工作评价管控的制度、方法、标准。

## 五、生产技术与标准化专业

### （一）设备风险管控

#### 1. 识别对象

【管理对象】管控公司系统内设备状态评价、风险评估、风险控制及回顾的全过程。

【业务目的】系统管控设备风险，统筹配置资源，健全风险和隐患双重预防机制，避免和减少设备事故事件及损失，提升设备安全管理水平。

【风险原因】存在设备故障、设备损坏、设备老化、设备隐患等引起事故事件或损失的风险。主要原因包括设备风险辨识不全、设备状态评价不准、设备风险定级不准、设备管控策略不合理、设备管控措施落实不到位等。

#### 2. 建立机制

【职责界面】公司生技专业制定总体策略、制度和技术标准，负责一次专业设备风险评估和管控，系统运行专业负责二次专业设备风险评估和管控，市场营销专业负责计量专业设备风险评估和管控。二、三级单位承接本地化，负责设备风险评估与管控的具体实施。

【机制内容】

（1）评价设备状态。建立设备状态评价模型，收集表征设备运行状态的内外部信息数据，准确评估设备运行健康状态。内部数据关注设备运维数据、缺陷信息、检修试验数据、技术监督结果、设备关键信息等，外部数据关注设备安装地点、运行环境、负荷侧影响等。

（2）评估设备风险。明确设备风险评估方法，基于设备状态评价结果，结合设备故障导致后果的严重程度、设备自身价值、重要用户影响等因素，确定设备风险等级，形成设备基准风险数据库。根据设备事故事件、家族性缺陷、运行工况变化等情况，开展基于问题的设备风险评估，调整风险等级。

（3）制定管控措施。按照风险控制原则，综合考虑可行性和经济性等因素，从设备运维、隐患治理、检修技改、作业管控等方面，研究确定风险管控措施。完善电网风险、设备风险联动机制，强化风险闭环跟踪与动态管理。积极探索新技术引领实现设备升级，有效应对人因失误及设施故障，做到"失误—安全"和"故障—安全"，提升设备本质安全水平。

（4）落实控制措施。按照源头管控设备风险的要求，将控制措施分别输出至规划、基建、生技、系统运行和供应链等专业，落实资产全生命周期管理要求，为设备选型、采购、安装、调试、验收、运维、退役、报废等环节提供管理依据，确保风险闭环管控，实现风险、成本、效能的综合最优。

（5）开展分析改进。定期统计分析设备危害识别的全面性、风险评估的准确性、风险控制措施的有效性等，查找问题分析原因，制定整改措施，融入日常管理完善长效机制。

## 3. 机制运转

【技术支撑】

（1）健全制度标准。公司、二级单位建立相互承接的设备风险管控制度和两书，三级单位承接编制本地化两书，涵盖状态评价、风险评估、制定措施、落实控制、分析改进等管理环节，分层分级明确管理要求和实施方法。

（2）建立技术标准。建立设备状态评价和风险评估技术标准，完善设备状态评价模型，支撑科学、准确开展设备风险管理。

（3）完善信息系统。通过信息系统和智能终端，实时采集设备运行数据，动态监测预警设备状态，实现设备基础、运行维护、预试检修等数据的信息化管理。

【运转效果】全面识别并准确评估设备潜在风险，系统制定风险管控措施，源头管控设备风险，提升设备本质安全管理水平，有效避免和减少设备事故事件。

### 4. 检查改进

【日常检查】公司及二级单位通过信息系统、资料文件、现场抽查等方式，检查设备风险评估和管控措施落实情况，分析风险评估的准确性和风险控制措施的有效性等。三级单位检查设备反措执行、缺陷处理、运行维护等风险管控措施的落实情况等。

【总结改进】定期总结设备风险评估方法的科学性和适宜性，分析风险控制措施的落实情况，三级单位基于问题提出改进措施融入日常管理，通过修编两书等改进管理机制。二级单位提出风险管理在技术、管理和流程上的改进意见，完善风险管理策略。公司组织研究改进设备风险管控的制度、方法、标准，优化信息系统。

## （二）新设备启动投运管理

### 1. 识别对象

【管理对象】管控公司系统新设备启动投运前期准备、启动过程控制、试运行和运行交接等过程。

【业务目的】控制新设备启动投运的安全风险，严把设备入网关，确保设备安全、可靠地接入运行系统。

【风险原因】存在设备故障、越级跳闸、系统失稳、新设备带缺陷投运、验收人员受伤等风险。主要原因包括新设备启动投运风险分析不到位、方案编制质量不高、人员误操作、运行交接不到位、验收不规范等。

### 2. 建立机制

【职责界面】公司生技专业制定管理要求和技术标准，负责组织新设备的入网审批，协调安排入网试运行和运行交接。系统运行专业新设备投运相关调度工作的统一协调和管理，参与新设备投运相关文件、资料、方案的审核。二、三级单位承接本地化，负责新设备启动投运的具体实施。

【机制内容】

（1）编制启动方案。根据新设备启动对电网的影响，综合考虑现场操作、接入系统后试运行等风险因素，开展风险分析，制定控制措施，编制新设备启动方案，明确启动过程涉及的操作步骤、方式调整、风险控制、定值调整、应急处置、试运行等要求。

（2）编制投运申请。将新设备启动投运工作纳入生产计划管控，上报新设备启动申请并完成逐级审批。严禁无计划或未完成投运申请开展新设备投运。

（3）编制投运方案。编制新设备投运调度方案，充分考虑投运过程对电网的要求及影响，明确需要配合的电网方式调整内容，落实相应调度措施。编制新设备投运操作方案，细化操作步骤，明确操作人员分工和应急处置要求等。

（4）开展投运准备。投运前完成规程、图纸、作业指导书编制或修订，更新技术资料、台账信息，配置工器具、备品备件，更新应急处理程序等。开展人员培训，确保相关人员熟悉新设备启动投运和操作方案，掌握相关流程和操作方法。

（5）启动过程控制。核实系统、设备和相关人员具备启动投运条件后，依据投运调度方案申请电网一、二次设备运行方式调整，满足新设备投运要求。投运过程严格落实作业风险管控要求，重点关注倒闸操作顺序，出现异常应立即中止操作，由启委会研究处理，具备条件后方可继续启动。

（6）开展运行交接。设备启动结束后转入试运行，期间应做好设备运行记录和设备异常情况记录。试运行结束后，按要求办理交接手续，确保试运行期间的运行和试验记录真实、完整，跟踪验收和启动过程中发现问题的闭环处理。

（7）开展分析改进。定期统计分析新设备启动投运准备、启动投运过程异常处置、启动方案执行等情况，查找问题分析原因，制定整改措施，融入日常管理以完善长效机制。

**3. 机制运转**

【技术支撑】

（1）健全制度标准。公司、二级单位建立相互承接的新设备启动投运管理制度和两书，三级单位承接编制本地化两书，涵盖启动方案、投运申请、投运方案、投运准备、过程控制、运行交接、分析改进等管理环节，分层分级明确管理要求和实施方法。

（2）健全技术标准。建立完善新设备验收、新设备并网、试运行等标准规范。

（3）完善信息系统。实现设备基础数据的信息化管理，实现启动投运申请、启动过程控制、问题跟踪闭环等过程的信息化管理。

【运转效果】全面识别新设备启动风险，基于风险充分做好投运前准备，启动过程规范有序，设备安全、可靠接入运行系统。

**4. 检查改进**

【日常检查】各单位通过信息系统、资料文件、现场检查等方式，定期检查新设备启动投运准备、实施、交接等情况，验证各级人员履职情况。

【总结改进】三、四级单位总结新设备启动投运过程管理情况，对暴露问题进行分析，通过修编两书等改进管理机制，提升管理效能。公司及二级单位定期收集新设备启动投运在制度、标准方面的问题，组织研究改进新设备启动投运管控制度、方法、标准。

**（三）设备运行维护管理**

**1. 识别对象**

【管理对象】管控公司系统所有一次设备、二次设备、电能计量设备、相应附属设施的运行和维护过程。

【业务目的】统筹做好设备运维管理，掌握设备运行状态，消除设备缺陷和隐患，提升设备精益化管理水平，实现风险、效能和成本的综合最优。

【风险原因】存在设备故障、设备损坏、设备老化、设备安全隐患、设备家族性缺陷等风险，存在引起设备事故事件、造成经济损失、人身安全、以抢代维等问题。主要原因包括设备运维计划安排不合理、设备缺陷隐患未及时发现处理、设备运行监控不到位、设备运行维护数据记录不全面、设备运行分析不到位、设备采购质量不良、生产作业计划体外循环、建设和运行交叉时现场管控不到位等。

**2. 建立机制**

【职责界面】公司生技专业制定总体原则和标准，负责一次设备运行维护管理；系统运行专业负责二次设备运行维护管理；市场营销专业负责电能计量设备运行维护管理。二级单位承接本地化，三级单位负责具体实施设备运行维护管理。

【机制内容】

（1）确定运维策略。根据设备状态评价和风险评估结果，确定设备年度差异化运行维护策略，明确设备运行维护类别、项目、周期和标准。基于电网风险、保供电任务、设备运行状态、外部因素等变化，动态调整运维策略，实现风险的分级闭环管控。

（2）制定运维计划。基于设备运维策略，承接制定各专业年、月、周、日运维计划，开展作业风险评估，计算作业饱和度，纳入生产计划平衡协调，匹配运维资源。

（3）开展运行维护。按计划开展设备运维，提前做好物资、工器具、技术资料等准备，做好设备运维的各项记录。设备运维过程中做好电力设施的宣传、保护及隐患处理。推广智能巡检技术，利用无人机、智能监测等技术，持续提升巡视质量和效率。针对运行维护过程中可能危及人身、电网、设备安全的各种因素，开展场景式持续风险评估和管控。

（4）监测运行状态。落实设备运行监控（值班）要求，完整记录监控期间的运行日志、接发令和运行数据等内容。持续深化大数据、人工智能、数字孪生等新技术的应用，提升设备状态实时感知、数据实时交互、状态精准洞察的能力，通过设备在线监测和分析技术，全面实时掌握设备运行状态，实现设备状态可观、可测，风险可知、可控。

（5）处理缺陷隐患。建立缺陷及隐患管理标准，明确缺陷隐患等级划分标准、处理时限、登记报告、处理流程、验收规范、统计分析等要求，落实缺陷隐患的动态、闭环管理。发现设备家族性缺陷时，应开展同类型设备缺陷排查和治理，并将缺陷情况纳入供应商履约评价中进行扣分处理。缺陷隐患未消除前应制定风险控制措施或应急处置方案，避免缺陷升级造成损失。

（6）作业过程控制。设备运行与维护作业过程应严格执行作业风险管控机制要求，系统管控作业计划、风险评估、作业前准备、作业过程控制等环节，全面落实作业风险的立体化、源头化、透明化管控。同一场所内同步实施建设和运维工作时，运维人员或设备主人应及时将设备运行边界、带电范围等告知工程建设施工人员，做好隔离措施和标识，确保建设和运行工作有序开展。

（7）开展分析评价。根据设备运行、巡视维护、预试定检、缺陷数据处理等情况，定期开展分层分级的设备运行分析与评价，对出现质量缺陷、事故事件、强迫停运等问题的设备开展专项分析。分析设备的运行状况、以抢代维情况、存在问题与风险，评价设备的管理状况，从设备采购、施工、验收、运维等环节完善长效管理机制。

## 3. 机制运转

【技术支撑】

（1）健全制度标准。公司、二级单位建立相互承接的设备运行维护管理制度和两书，三级单位承接编制本地化两书，涵盖运维策略、运维计划、巡视维护、状态监测、缺陷处理、作业控制、分析改进等管理环节，分层分级明确管理要求和实施方法。

（2）健全技术标准。建立完善设备台账管理、设备监控管理、设备运维管理、设备预试定检管理、设备缺陷管理等技术标准，支撑科学、规范的设备运维。

（3）建立信息系统。建立统一的设备全生命周期管理平台，实现设备台账、运维、监控、预试定检、运行分析、考核评价等过程的信息化管理。

（4）创新技术支撑。通过创新科技手段，利用机器代替人工作业，实现设备运行数据在线监测、实时采集和自动分析，提升运行维护效率。

【运转效果】基于设备风险评估结果差异化开展设备运维，资源配置合理到位，运维措施科学有效，设备状态可知、可控、可测，设备安全稳定运行。

**4. 检查改进**

【日常检查】公司及二级单位通过信息系统、资料文件等方式，检查设备运维管理各项指标完成情况。三、四级单位通过信息系统、资料文件、现场检查等方式，检查设备巡视维护、运行监视、预试定检等情况，分析设备运行和维护管理效能。

【总结改进】三、四级单位定期统计分析设备运行维护质量、运行维护效能，提出运维管理在技术、管理等方面的改进意见，完善设备运维策略，通过修编两书等改进管理机制。公司及二级单位定期收集设备运行维护管理存在问题，组织研究改进设备运维管理机制、方法、标准。

## （四）检修技改管理

**1. 识别对象**

【管理对象】管控公司系统所有一次设备、二次设备、电能计量设备、相应附属设施的修理和改造过程。

【业务目的】系统性开展设备检修技改工作，消除设备隐患和缺陷，恢复设备性能，延长设备使用寿命，确保设备安全、可靠、环保运行。

【风险原因】存在设备超期未检、检修技改质量不达标等造成设备事故、电网停运、经济损失、人身安全等风险。主要原因包括检修技改策略未基于风险、检修技改计划制定不合理、检修技改准备不充分、检修技改过程不规范、自主运维检修技能不足、投入不精准等。

**2. 建立机制**

【职责界面】公司生技专业制定基本原则和制度标准，负责一次设备检修技改管理；系统运行专业负责二次设备检修技改管理，统筹设备检修综合停电管理；市场营销专业负责电能计量设备检修技改管理；供应链专业负责检修技改物资调配。二、三级单位承接本地化，负责检修技改工作的具体实施。

【机制内容】

（1）制定工作计划。各单位根据检修规程、技改技术标准、反事故措施、设备风险评估结果等情况，考虑电网发展、电网方式、技术更新、综合停电计划等因素，制定设备检修和技改计划。

（2）做好工作准备。各单位检修和技改计划应纳入年、月、周、日生产计划进行平衡协调，开展作业风险评估，计算工作饱和度，提前做好物资、工器具、图纸、技术资料等准备，编制施工方案明确风险点和控制措施。

（3）实施检修技改。各单位按照设备检修技改的流程、方法、工艺、质量等要求开展检修技改，规范应用作业指导书或作业表单等，记录分析相关数据，及时发现设备异常并闭环处理。检修技改实施过程应严格落实作业风险管控要求，避免引发人身、电网、设备安全隐患。检修技改结束后应严格执行三级验收签字，确保检修质量并及时更新设备台账。

（4）组织紧急检修。各单位发生设备紧急故障时，应启动紧急检修流程，组织队伍、调配物资，落实相关安全措施，组织实施现场紧急检修工作，做好工作情况记录。若设备故障影响客户用电，应将故障原因及预计恢复时间传递至市场营销专业，同步做好客户沟通和服务。杜绝抢修作业体外循环，落实现场作业风险管控和施工单位工作量签证要求。

（5）落实考核评价。各单位根据设计及工艺要求，开展检修技改验收工作。建立设备检修技改评价机制，对检修和技改完成情况和效果进行评价和跟踪，对未达到质量要求的落实责任追溯和严格考核。

（6）开展分析改进。各单位总结检修技改计划完成率、完成质量等情况，分析设备设计、材质、施工等环节存在的问题，制定整改措施，融入日常管理以完善长效机制。

**3. 机制运转**

【资源保障】

（1）健全制度标准。公司、二级单位建立相互承接的检修技改管理制度和两书，三级单位承接编制本地化两书，涵盖工作计划、工作准备、检修技改实施、紧急检修、考核评价、分析改进等管理环节，分层分级明确管理要求和实施方法。

（2）完善技术标准。完善设备检修规程、技改标准和设备验收标准等规范。

（3）完善信息系统。建立设备检修技改管理系统，对设备基础数据、检修试验数据、运行维护数据等实现信息化管理。

【运转效果】科学制定检修技改计划，检修技改实施过程规范、透明，及时消除设备隐患和缺陷，恢复设备正常功能，保障设备良好性能。

**4. 检查改进**

【日常检查】公司及二级单位通过信息系统、技术监督等方式，检查机制建立、资源保障、运转效果等情况。三级单位通过现场检查、数据抽查等方式，检查检修技改工作质量、过程管控情况等，分析设备检修技改工作效能。

【总结改进】定期收集设备检修技改工作存在的问题，三级单位总结检修、技改计划完成率和完成质量，制定针对性措施提升管理效能，通过修编两书等改进管理机制。二级单位优化资源配置，提出检修技改管理改进建议。公司组织研究改进检修技改的管理制度和标准。

## （五）技术监督管理

### 1. 识别对象

【管理对象】管控公司系统内开展的各类专业技术监督和专项技术监督。

【业务目的】强化资产全生命周期管理，确保设备管理各环节技术标准的闭环监督，保证技术标准的有效落实，消除设备隐患、控制设备风险。

【风险原因】存在设备技术问题突出、设备缺陷隐患频发、设备管理以抢代维等风险。主要原因包括技术监督计划安排不合理、技术监督人员技能不足、技术监督过程管控不到位、设备技术问题未有效发现等。

### 2. 建立机制

【职责界面】公司生技专业负责建立技术监督基本原则和制度标准，统筹开展技术监督工作；各专业负责组织本业务领域技术监督工作；科研院负责配合开展技术监督。二、三级单位承接细化并开展本层级技术监督工作。

【机制内容】

（1）建立监督机构。公司建立技术监督领导小组和技术监督办公室，明确技术监督办公室统筹管理职能和各级职能部门主体责任，制定技术监督标准，明确监督内容、监督方式和问题处置流程。组建技术监督团队，各级科研院提供技术和人才支撑，开展技术监督评价工作。

（2）制定监督计划。技术监督办公室组织各专业部门，编制年度专业技术监督和专项技术监督计划，突出专业部门技术监督的主体责任。专业技术监督重点关注资产全生命周期管理各环节技术标准和规范执行情况。专项技术监督重点关注生产运行过程突出问题，着力加强技术监督的横向协调，强化主设备入网监督管理。

（3）开展技术培训。技术监督办公室每年组织专家团队和技术骨干开展技术监督培训，培训内容包括国家或行业新标准、电气设备新技术、电气设备事故分析、电气设备现场试验新方法等，充分考虑设备状态监测、状态评估、状态检修等技术研究。

（4）实施技术监督。技术监督办公室根据计划，采取线上线下相结合的方式开展监督。建立技术监督预警机制，在技术监督过程中发现紧急缺陷、重大隐患、反措执行偏差、以抢代维现象突出等趋势性、苗头性、普遍性问题时，应及时发布技术监督告警单，限时完成整改。

（5）组织工作评价。技术监督办公室建立技术监督工作评价和考核标准，分专业制定技术监督考核指标，对技术监督工作开展、技术标准执行、问题整改、档案资料等情况进行评价和考核。

（6）开展分析改进。定期统计分析技术监督工作进度、完成情况、监督成效等，点面结合分析问题原因，制定整改措施，融入日常管理完善长效机制。

## 3. 机制运转

【技术支撑】

（1）健全制度标准。公司、二级单位建立相互承接的技术监督管理制度和两书，三级单位承接编制本地化两书，涵盖监督机构、监督计划、技术培训、监督实施、工作评价、分析改进等管理环节，分层分级明确管理要求和实施方法。

（2）建立技术标准。建立基于设备全生命周期的技术监督标准和规范。

（3）建立信息系统。建立技术监督管理系统，实现技术监督计划、报告、告警、问题整改、总结、评价等全过程信息化管理。

【运转效果】分层分级开展资产全生命周期技术监督，发挥专家团队技术支撑作用，减少和消除设备技术问题，保证设备安全稳定运行。

## 4. 检查改进

【日常检查】公司及二级单位通过信息系统、现场检查、技术监督巡检等方式，检查机制建立、资源保障及运转效果等情况，三、四级单位重点检查技术监督计划实施、问题闭环整改等情况。

【总结改进】定期收集技术监督管理和实施过程中存在的问题，三级单位提出改进措施，提升管理效能，通过修编两书等改进管理机制。二级单位优化资源配置、协调解决问题。公司组织研究改进技术监督管理制度标准，优化信息系统。

## （六）生产设备运行环境管理

### 1. 识别对象

【管理对象】管控公司系统内生产设备运行环境，包括标识、划线、通风、照明等。

【业务目的】识别和控制生产设备运行环境中的安全和健康风险，改善环境条件，确保生产运行环境安全、整洁、规范、有序，使环境对人更友好、对设备更适宜。

【风险原因】存在生产运行环境缺陷隐患导致设备故障、进入设备运行区域人员安全健康受损、涉电公共安全等风险。主要原因包括生产作业空间、主配网电缆密集通道、临近油气管线、低压裸导线等危害因素辨识不全、劳动保护措施不全，设计建设不满足标准要求、风险监测不到位、设备设施配置不到位、日常检查维护不到位等。

### 2. 建立机制

【职责界面】公司生技专业负责制定生产设备运行环境总体要求、管理标准和技术规范，统筹生产设备运行环境的管理。二、三级单位承接本地化，三级单位具体执行和落实。

【机制内容】

（1）识别风险。根据识别对象的不同采取差异化的方式，识别设备运行环境存在的风险。针对标识划线风险识别采取定期巡视方式，重点关注设备设施、工器具和工作环境标识划线是否缺失、是否规范设置等。针对空气质量、照度采取定期巡视和监测相结合的方式，重点关注通风不畅场所、可能产生有毒有害气体场所、人员密集场所等是否配置通风设施，应定期检测生产区域空气质量是否满足标准；关注生产区域是否配置充足照明设施，照度是否满足日常照明和应急要求等。

（2）配置设施。根据识别出的风险和问题，按照安健环标准，实施本质安全场所设计与建设，源头上消除环境因素的危害。落实标识划线设施新增配置、通风设施安装改造、照明设施安装修理等风险管控措施。标识划线应确保内容准确清晰，位置明显，安装规范牢固，不易磨损和腐蚀。通风和照明设施的改造应符合技术标准，确保不会给人员和生产带来危害。杜绝标识划线不全、通风照明不足等不满足安全规定的环境条件。

（3）检查设施。制定生产设备运行环境检查标准，明确检查内容、频次，建立生产设备运行环境设施台账，按周期开展检查，发现问题和隐患应及时制定整改计划，跟踪闭环处理。

（4）应急防护。针对暂未消除的生产设备运行环境风险或隐患，应制定应急措施，配置防毒面罩、应急灯等个人防护用品和应急设施。开展个人防护用品和应急设施的使用方法培训或演练，使员工掌握正确、有效的使用方法。针对线房、线树、垂钓等安全隐患，应及时采取警示、隔离等措施，防止引发公共安全事件。

（5）分析改进。定期统计分析设备运行环境的问题处置情况、应急防护装置配置情况等，点面结合分析问题原因，制定整改措施，融入日常管理以完善长效机制。

**3. 机制运转**

【技术支撑】

（1）健全制度标准。公司、二级单位建立相互承接的生产设备运行环境管理制度和两书，三级单位承接编制本地化两书，涵盖识别风险、配置设施、检查设施、应急防护、分析改进等管理环节，分层分级明确管理要求和实施方法。

（2）建立技术标准。制定安健环设施技术标准，支撑生产设备运行环境的规范管理。

（3）完善信息系统。建立生产设备运行环境管理系统，实现对运行环境风险识别、控制、消除的全过程信息化管理和自动监测预警。

【运转效果】有效控制生产设备运行环境中的安全和健康风险，减少生产运行环境变化对人员和设备的影响，确保人员安全健康、设备稳定运行。

### 4. 检查改进

【日常检查】公司及二级单位通过信息系统、检查督查等方式，对生产设备运行环境管理机制建立、资源保障、运转效果等进行检查，三、四级单位通过信息系统、现场检查等方式，对设备运行环境问题发现、处置、闭环等情况进行检查。

【总结改进】三、四级单位重点对设备运行环境存在问题，提出改进措施，提升管理效能，通过修编两书等改进管理机制。公司及二级单位定期总结设备运行环境管理过程中的问题，研究改进管理制度和技术标准。

## （七）生产用具管理

### 1. 识别对象

【管理对象】公司系统生产所用器具的全生命周期管理。

【业务目的】系统性管理生产用具，确保生产用具安全、齐备、可用，杜绝因生产用具问题导致事故事件发生。

【风险原因】存在生产用具配置不足、应检未检、使用不合格生产用具、使用不当导致事故事件等风险。主要原因包括生产用具需求识别不全面、使用培训不到位、检查维护不到位等。

### 2. 建立机制

【职责界面】公司生技专业建立生产用具管理基本要求及标准，负责生产用具（除安全工器具外）的全生命周期管理；安监专业负责安全工器具的全生命周期管理；供应链专业负责生产用具采购管理。二、三级单位承接细化配置标准和管理规定，规范使用和管理生产用具。

【机制内容】

（1）识别需求。公司结合各专业工作性质、环境特点、可能接触的危害等因素，充分考虑法律法规和上级规定等要求，制定生产用具配置标准。使用单位对照配置标准，结合新增业务情况、生产用具配置现状和使用维护情况，开展生产用具需求识别。

（2）采购验收。各单位根据需求识别情况，编制购置计划，供应链专业按照物资采购管理要求完成采购，并按照验收技术标准，对采购的生产用具进行验收。针对需进行型式试验的工具或设备，应提供工具或设备试验合格的型式试验报告。针对测试设备、特种设备和带电作业工器具，应要求厂家送至有校验资质的单位进行校验合格后方可验收，同时提交检验报告，明确校验周期，统一粘贴检验合格标签。

（3）注册管理。各单位建立生产用具清册，统一分类编号，统一定置管理。针对特种设备开展登记注册管理，获得政府特种设备检验检测机构出具的检测报告和合格标志，并制定相应操作规程。

（4）开展培训。各单位分层分级开展生产用具使用、检查、维护、保管等定期培训和上岗前培训。针对特种设备操作人员，必须按照国家规定，经有关主管部门考核合格，取得国家统一核发的特种设备操作证，方可从事相应的操作作业。

（5）使用管理。生产用具使用前应进行检查，确保状态良好，严禁使用超期或不合格的生产用具。针对操作复杂、易导致事故事件的生产用具，应建立操作指南卡，明确操作步骤、存在风险、控制措施、应急措施等。对于高空作业车、汽车吊、升降平台等人身风险强相关的机具，暂未纳入国家特种设备管理者，应参照特种设备管理要求开展本地化，建立公司内部操作人员培训及持证上岗机制。

（6）检查检测。根据国家标准和上级制度要求，明确不同生产用具的检查周期和内容。运维人员按时开展检查，发现异常及时反馈处理。生产用具到期前，应送至有资质的单位进行检测，检测合格后方可继续使用。

（7）报废管理。对试验不合格、检测不达标、超过使用期限、不能达到规定功能的生产用具应及时进行报废处理。

（8）分析改进。定期统计分析生产用具需求、培训、使用、检查、检测等存在的问题，点面结合分析原因，制定控制措施，融入日常管理以完善长效机制。

**3. 机制运转**

【技术支撑】

（1）健全制度标准。公司、二级单位建立相互承接的生产用具管理制度和两书，三级单位承接编制本地化两书，涵盖识别需求、采购验收、注册管理、培训管理、使用管理、检查检测、报废管理、分析改进等环节，分层分级明确管理要求和实施方法。

（2）健全技术标准。建立各类生产用具配置、验收的标准规范，支撑生产用具的全过程管理。

（3）建立信息系统。实现生产用具的需求识别、需求计划、预算、采购、发放、检查、报废等全过程信息化管理。

【运转效果】生产用具需求预测准确，采购流程规范，验收、检查、监测到位，员工熟练运用，为安全生产提供充足、有效的生产用具保障。

**4. 检查改进**

【日常检查】公司及二级单位通过信息系统、现场检查等方式，检查生产用具管理机制建立情况、运转情况及运转效果。三、四级单位通过资料文件、现场检查等方式，检查生产用具配置的充分性和适宜性。

【总结改进】定期收集总结生产用具管理过程中存在的问题，三、四级单位从配置数量、配置类型等方面提出建议，通过修编两书等改进管理机制。公司及二级单位研究改进管理制度和配置标准，提高管理效能。

（八）标准化管理

**1. 识别对象**

【管理对象】管理公司系统内技术标准的立项、编制、培训、实施、监督、复审等全过程。

【业务目的】为公司安全生产提供统一的技术标准，确保公司获得最佳生产经营秩序和经济效益，提升公司技术标准对国家标准、行业标准、团体标准的影响力。

【风险原因】存在技术标准不健全、技术标准不适用、技术标准不统一等导致事故事件的风险。主要原因包括技术标准未有效承接上级标准、技术标准评审不规范、技术标准未开展宣贯、技术标准监督检查不到位等。

**2. 建立机制**

【职责界面】公司生技专业建立总体要求和管理标准，负责统筹标准化管理，各专业负责本专业技术标准化管理，二、三级单位负责承接本地化并执行。

【机制内容】

（1）建立机构。成立技术标准委员会，下设技术标准委员会办公室、标委和技术标准工作组，明确各级职责和工作界面，有效承接技术标准化管理。

（2）申请立项。技术标准委员会办公室结合国家、行业发展趋势，根据各专业发展要求，在无标准可依，或现有标准不能满足公司技术管理和新技术推广应用需要时，提出标准制定或修订立项申请。

（3）编制计划。技术标准工作组对立项的可行性和必要性进行审查，提出标准制定或修订计划，经标委会办公室审核、标委会批准后，形成年度标准制定或修订计划并发布。

（4）制定标准。技术标准工作组根据制定或修订计划，成立技术标准编写组开展编写工作，充分考虑标准化对象的现状、发展方向、最新科研成果、生产经营活动实践经验等因素。所编制的技术标准需通过初稿审查、形式审查、报批材料审查、规范性审查后，报标委会审批并发布。

（5）实施与监督。各单位分层分级开展技术标准培训宣贯，涵盖标准的适用部门和适用人员。技术监督管理部门定期开展技术标准的一致性和合规性审查，对技术标准实施过程进行跟踪和指导。针对公司技术标准未覆盖的专业领域，可先将公司未颁布的技术标准小范围试点，待技术标准正式颁布后再行推广。

（6）标准复审。技术标准工作组组织对执行满 5 年的技术标准进行复审，评判该技术标准是否继续有效、是否修订、是否废止，将结果报送技术标准化委员会办公室，并启动标准"废止"或"修订"工作流程。

（7）分析改进。定期统计分析技术标准立项、编制、实施、监督、复审等存在的问题，制定整改措施，融入日常管理完善长效机制。

**3. 机制运转**

【技术支撑】

（1）健全制度标准。公司、二级单位建立相互承接的标准化管理制度和两书，三级单位承接编制本地化两书，涵盖建立机构、申请立项、编制计划、制定标准、实施监督、标准复审、分析改进等管理环节，分层分级明确管理要求和实施方法。

（2）完善信息系统。建设技术标准管理系统，实现技术标准从立项、计划、实施、发布、复审、废止全过程信息化管理。

【运转效果】提高技术标准化质量，加快新工艺、新技术的推广运用，填补行业或内部技术标准空缺，提升公司技术标准的影响力。

**4. 检查改进**

【日常检查】公司及二级单位通过信息系统、现场检查、技术监督等方式，对标准化管理的机制建立、机制运转和运转效果进行检查。三级单位通过现场检查、技术监督等方式，对标准的实施过程和实施效果进行检查。

【总结改进】三级单位定期对标准的适宜性、充分性和完整性进行回顾，提出改进措施，纳入立项申请开展标准制定修订，通过修编两书等改进管理机制。公司及二级单位定期收集标准化管理存在的问题，组织改进标准化管理的制度、方法和标准。

## 六、市场营销专业

### （一）客户服务管理

**1. 识别对象**

【管理对象】全方位管控公司系统客户关系、客户问题处理和客户故障出门。

【业务目的】优化客户服务方式，提升服务效能和客户满意度，践行为客户创造价值的南网服务理念。

【风险原因】存在客户对服务不满意引发客户投诉、故障出门引起电网停电等风险。主要原因包括客户需求掌握不准确、客户服务风险识别不全面、客户问题处理不及时、用电检查未有效开展等。

**2. 建立机制**

【职责界面】公司市场营销专业负责客户全方位服务的统筹管理，明确总体原则和标准；生技专业负责优化停电安排，强化故障抢修管理；系统运行专业负责合理安排调度运行方式，实现少停电、快复电。二级单位承接本地化，指导、监督和检查三级单位，三级单位具体落实客户服务管理各项工作。

【机制内容】

（1）收集客户服务需求。各单位通过互联网客户平台、供电营业厅、95598 供电服务热线、客户经理走访、社会化服务等方式，多渠道、分类别收集客户需求。

（2）建立服务风险清单。各单位根据客户抱怨及业务情况建立客户诉求台账，根据停电计划、客户历史抱怨情况，识别敏感客户，制定客户服务风险清单，提前制定措施防控客户投诉风险。

（3）开展差异化服务。各单位基于客户基本信息、客户重要性、客户信用等维度，开展客户分群管理，针对不同类别的客户实行差异化服务，制定细化的服务项目，提升服务的针对性和有效性。

（4）建立问题预警机制。各单位通过日报、周报、月报形式实时监控客户服务指标情况，及时预警客户问题并提前介入管控，对典型问题举一反三。按照源头管控原则，将电网分布、网架结构等引起的问题输出至规划管理，将运行维护不到位引起的问题输出至运维管理，将沟通宣传不到位引起的问题输出至营销管理，及时对问题处置闭环情况和效果开展分析及回访。

（5）有效传递停电信息。各单位发生故障停电后，按照故障停电信息三个"五分钟"传递时限要求，通过信息系统、短信平台等方式通知停电影响范围内的用电客户。通过微信群等做好沟通和服务，及时传递故障抢修过程，预警和提醒异常情况，协调解决客户需求，做好用户安抚和沟通。

（6）管控客户故障出门。各单位营销、生产专业人员，应参与用户用电工程设计、施工、验收等环节，落实防止客户故障出门的技术措施，严把用户设备入口关。建立客户资产用电检查工作计划，定期检查客户设备，督促用户开展预试定检和保养维护，帮助客户及时发现和处理设备缺陷及隐患。当客户设备发生故障时，应及时隔离客户故障区域，恢复其他用户供电，指导客户完成抢修，验收合格后恢复其供电。

（7）分析改进客户管理。定期统计分析客户抱怨、客户诉求等处理情况和进度，形成客户服务风险分析报告，查找规划、运维、沟通、宣传等方面存在的问题，制定整改措施，融入日常管理完善长效机制。

**3. 机制运转**

【资源保障】

（1）建立健全制度标准。公司、二级单位建立相互承接的客户服务管理制度和两书，三级单位承接编制本地化两书，涵盖客户服务需求、服务风险清单、差异化服务、问题预警机制、传递停电信息、客户故障出门、分析改进等管理环节，分层分级明确管理要求和实施方法。

（2）完善服务调度中心。履行客户服务实时监控职能，固化监控人员和日常工作机制，实现客户问题收集、处理、反馈等全过程透明管控。

（3）完善信息系统支撑。健全营销信息系统，实现客户问题处理、客户故障出门等信息化管理。

【运转效果】多渠道收集客户需求，差异化提供客户服务，及时有效管控客户故障出门，提高问题响应和处理速度，提升客户满意度。

## 4. 检查改进

【日常检查】公司及二级单位通过信息系统、电话语音、现场检查等方式，对客户问题处理及时率、故障出门率、故障处理超期率等进行检查。三级单位通过信息系统、现场检查、资料文件等方式，对客户走访、客户诉求处理、客户风险管控、客户故障出门治理等工作进行检查。

【总结改进】三级单位定期收集客户服务管理过程中存在的问题，制定改进措施提升服务效能，优化高故障台区、线路改造计划，通过修编两书等改进管理机制。二级单位优化拓展客户服务渠道。公司组织研究改进方法、标准，优化信息系统。

## （二）电力需求侧管理

### 1. 识别对象

【管理对象】管控公司系统电力电量平衡与应对策略。

【业务目的】优化配置电力资源，提高终端用电效率，实现节约、环保、有序用电，促进电力可持续发展。

【风险原因】存在电力供需不平衡危及电网稳定运行、应保电客户纳入限电范围引起投诉或舆论事件、人身安全等风险。主要原因包括负荷预测不准确、有序用电方案编制不合理、有序用电预警发布不及时、节约用电措施执行不到位、供电质量问题协同机制落实不到位、用电检查过程不规范等。

## 2. 建立机制

【职责界面】公司市场营销专业制定电力需求侧管理总体原则、标准和策略，负责电力需求侧统筹管理，二、三级单位承接本地化并有序实施。

【机制内容】

（1）编制工作计划。基于电力需求侧分析结果，综合考虑节能环保效益、财政支持能力、电力体制改革、电力市场交易等因素，编制电力需求侧管理工作计划和电能替代项目实施计划，明确节约用电管理目标、电能替代电量指标、电力电量考核指标。

（2）节约用电管理。通过客户基础信息和系统数据，筛选用电异常用户，运用95598平台、短信、网络、现场走访等多种形式，开展节能告知、节能咨询、节能诊断服务。跟踪有节能改造潜力和实施意愿的客户，推动实施节能改造。

（3）电能替代管理。综合考虑地区发展潜力，编制电能替代项目规划，经审核通过后，纳入生产计划并实施。按月统计电能替代电量，分析电能替代工作实施情况，提出改进措施提升电能替代率。

（4）有序用电管理。

1）根据负荷预测结果和电网供电能力，基于国家产业政策、能源政策、客户用电负荷特性编制有序用电方案，定用户、定负荷、定线路，完善限电序位表。

2）通过电力负荷管理系统开展负荷监测和控制，将预测可能出现的电力缺口及时报告政府主管部门，由政府根据电量缺口发布或同意发布有序用电预警，组织实施相应有序用电措施。

3）结合实际电力供应能力和用电负荷情况，持续优化有序用电措施，按照先错峰、后避峰、再限电、最后拉闸的顺序开展日用电平衡工作。启动有序用电后，生技、营销、系统运行等专业落实主体责任，分别做好线路特巡特维、负荷监测预警、客户沟通告知等工作。

4）统计每日有序用电执行数据，分析下一日负荷缺口，提升有序用电管控措施的针对性。对有序用电方案执行期间供电线路安全运行、电力负荷监测预警、客户管控情况等进行考核评价，查找不足，提出改进措施。

（5）开展用电检查。定期对用户开展用电安全检查，及时通报检查发现问题并督促用户落实整改。加强与地方政府部门的协同配合，对危及人身安全的隐患应建立应急处置流程，并立即督促整改。用电检查过程中应提前了解设备带电范围和接线方式，做好充足的安全措施，保障检查过程人身安全。

（6）开展分析改进。建立电力需求侧实施效果统计分析与评价机制，定期统计电力需求侧指标完成情况，分析存在问题提出改进建议，融入日常管理完善长效机制。

## 3. 机制运转

【技术支撑】

（1）健全制度标准。公司、二级单位建立相互承接的电力需求侧管理制度和两书，三级单位承接编制本地化两书，涵盖工作计划、节约用电、电能替代、有序用电、用电检查、分析改进等管理环节，分层分级明确管理要求和实施方法。

（2）健全技术标准。建立负荷需求侧预测模型、电能替代电量计算方法等标准规范。

（3）完善信息系统。建立电力负荷管理系统，实现负荷监测和控制的信息化管理。

【运转效果】减少用电浪费、降低电耗、移峰填谷，促进电力消费可持续发展，电网安全、经济、高效、稳定运行。

## 4. 检查改进

【日常检查】公司及二级单位通过信息系统、用电投诉事件等方式，检查机制建立、资源保障、运转效果等内容，分析各单位电力需求侧管理效能。三、四级单位通过用电检查、负荷监控、客户沟通等方式，检查节约用电、电能替代、有序用电管理存在问题。

【总结改进】定期收集总结电力需求侧管理存在的问题，三级单位基于问题改进日常管理的方式方法，通过修编两书等改进管理机制。二级单位加强同政府沟通、协调解决困难。公司组织研究改进电力需求侧管理的制度、方法、标准，优化信息系统。

## （三）电能计量管理

### 1. 识别对象

【管理对象】管控公司系统电能计量装置的需求、安装、运行、维护等过程。

【业务目的】确保电能计量运行安全稳定，电能量数据准确可靠，推动营销数字化转型。

【风险原因】存在电能计量装置故障、电量数据错误、客户投诉、人员误动误碰、计量装置爆炸、人身安全等风险。主要原因包括电能计量设备需求不准确、计量设备配送不及时、设计方案审查不严、电能计量缺乏监测、计量设备安装不规范、计量设备运维不规范、用户侧安全措施布置不到位等。

### 2. 建立机制

【职责界面】公司市场营销专业制定电能计量管理总体原则、基本方法和标准，系统运行专业负责计量自动化系统的网络安全管理，计量技术机构提供技术监督并负责电能计划管理情况的统计和分析。二、三级单位负责本层级计量自动化系统建设、电能量数据管理、计量设备运行维护、现场作业风险管控等。

【机制内容】

（1）编制计量装置需求计划。根据电能计量装置批量更换、业扩安装、修理技改、故障更换、设备库存等情况，编制年度需求预测和月度需求计划，审核通过后按照需求落实分级配送。

（2）开展计量装置方案审查。开展电能计量装置设计方案审查工作，重点审查计量点设置、计量方式设置、计量装置配置、接线方式等，结合计量自动化终端选型、电能量数据采集内容、通讯方式等因素，出具审查意见。

（3）计量装置领用和安装。依据工作计划，按照"先进先出""工单驱动"的原则，领用计量设备，确保账实相符。根据审核通过的计量方案或电能计量装置典型设计，在安装前核对接线方式。在计量安装作业过程中，严格落实作业风险管控措施，规范佩戴绝缘手套及护目镜等防护措施，防范 TV 短路、TA 开路、误碰误动等，确保作业人员人身安全。

（4）计量装置检验和变更。针对新投运或改造后的电能计量装置，应进行现场首检。针对已投运的电能计量装置，应基于电能计量装置重要度和管理需要，差异化确定检验周期，并落实检验和测试要求。针对无法满足技术或管理要求的电能计量装置，应及时更换。检验和更换过程应严格遵循作业风险管控要求，管控作业风险。

（5）计量装置故障分析处理。通过计量自动化系统开展计量装置在线监测，运用自动化系统智能研判并分析数据，及时发现计量装置故障或缺陷，发起工单进行处理和闭环。针对电能计量装置故障引起的电量差错，应按有关规定追退电量。

（6）分析改进计量管理机制。定期统计分析电能计量装置在线率、故障率、准确率等指标情况，分析问题原因，制定整改措施，融入日常管理完善长效机制。

### 3. 机制运转

【技术支撑】

（1）健全制度标准。公司、二级单位建立相互承接的计量管理制度和两书，三级单位承接编制本地化两书，涵盖需求计划、方案审查、领用安装、检验变更、故障处理、分析改进等管理环节，分层分级明确管理要求和实施方法。

（2）信息系统支撑。完善计量自动化系统，实现数据自动采集、监测、统计、分析，实现电能计量装置从需求计划、检验检测、故障处理、变更报废等全过程信息化管理。

【运转效果】电能计量装置需求预测准确，电能计量装置安装、运维过程安全有序，电能量数据采集精准高效。

**4. 检查改进**

【日常检查】公司及二级单位通过信息系统、电费指标、计量终端在线率、电能计量投诉事件等方式，检查机制建立、资源保障、运转效果等内容，分析各单位电能计量管理效能。三、四级单位通过计量自动化系统日常监测、现场检查等方式，检查计量装置运行维护、故障处置、电费追退等情况。

【总结改进】定期收集电能计量装置和计量自动化系统运行维护过程中存在的问题，三级单位基于问题改进管理方式，通过修编两书等改进管理机制，二级单位优化资源配置，公司组织研究改进管理制度、标准、方法，优化信息系统。


# 七、数字化专业

## （一）数字化规划设计

**1. 识别对象**

【管理对象】管控公司系统各层级信息化、数字化发展的方向、步骤和路径。

【业务目的】驱动管理和业务变革，引领数字化转型和数字电网建设，源头化管控数字化建设和应用中的风险，促进发展安全、质量、效率和效益提升。

【风险原因】存在系统性不足、应用不成熟技术、未能源头管控网络风险、不能满足业务发展需要、未与业务有效融合、建设成果不实用等风险。主要原因包括未充分衔接业务发展规划、未充分结合现状需求、未充分评估新技术风险、未充分考虑网络风险因素、未结合新技术发展趋势等。

**2. 建立机制**

【职责界面】公司数字化专业负责制定总体原则、基本方法和标准，负责公司层面数字化规划。各专业负责提出本业务领域数字化建设需求，参与规划及审查。二级单位承接公司数字化规划，制定本单位实施计划。三级单位负责数字化需求的提出和项目的具体实施。

【机制内容】

（1）开展需求分析。分析数字化发展的内外部环境，掌握数字化的规则、趋势及要求，对外关注国家、行业等相关政策、法律法规要求，对内承接公司总体发展规划和业务发展规划相关要求。调研分析各业务数字化应用、数字技术平台、网络安全综合保障、数字化运营等情况，充分掌握数字化建设现状及需求。

（2）开展规划设计。根据需求分析结果，编制数字化规划评估报告，确定基本原则和总体建设框架，明确数字化发展阶段性目标、衡量指标、重点任务、重要举措和实施路线图。通过指标定量评估规划执行情况。规划设计应充分分析现状和问题，关注网络安全风险源头化控制、当前新技术发展趋势，引入成熟高效的新技术、新应用、新理念，推进技术与业务深度融合。

（3）制定实施计划。承接上级数字化规划要求，结合自身需求和特点制定实施计划，明确实施策略、阶段计划、前期项目储备、投资匡算等内容。分析内外部环境变化影响，滚动修编实施计划，针对建设周期内风险提出管控措施，有序推进规划实施。

（4）开展分析改进。定期评估信息化项目规划及实施情况，阶段性总结规划完成情况，查找规划执行过程中存在的问题和不足，明确管理改进方向和举措，推动完善长效机制。

**3. 机制运转**

【技术支撑】

（1）健全制度标准。公司、二级单位建立相互承接的数字化规划设计管理制度和两书，三级单位承接编制本地化两书，涵盖需求分析、规划设计、实施计划、分析改进等管理环节，分层分级明确管理要求和实施方法。

（2）健全技术标准。完善数字化建设现状分析评价、数字化规划设计、数字化建设验收、网络安全防护等标准规范。

（3）完善信息系统。建立数字化规划设计信息系统，实现数字化建设需求的调查分析、规划报告的编制审核、实施计划的跟踪调整、过程风险的识别评估等过程的信息化管控。

（4）运用新技术。引入成熟高效的新技术、新应用、新理念，研发应用适合电网的智能化设备、在线监测设备等。

【运转效果】充分掌握数字化建设现状、问题、需求，系统规划数字化发展目标、任务、举措和实施路径，科学、稳步、有序推进各业务领域数字化转型。

**4. 检查改进**

【日常检查】公司通过信息系统、现场检查等方式，检查数字化规划报告、实施计划及项目储备库等情况，二级单位检查数字化实施计划及任务落实情况，三级单位检查数字化项目规划实施方案执行情况。

【总结改进】三级单位定期总结改进数字化技术、智能化设备、信息系统等应用情况，通过修编两书等改进管理机制。二级单位定期总结改进数字化实施计划制定以及执行中存在的问题。公司结合战略发展目标及内外部环境变化，动态调整数字化规划策略、方法与标准。

## （二）信息化项目建设管理

**1. 识别对象**

【管理对象】管控公司系统信息化项目的立项、实施、验收、上线的全过程。

【业务目的】管控信息化项目建设全过程的风险，确保顺利完成项目预期建设目标，安全、高效支撑业务发展。

【风险原因】存在项目重复建设、系统功能缺陷、网络安全隐患、系统版本冲突、项目运行不稳等风险。主要原因包括项目需求不明确、设计不符合业务要求、入网安全测试未开展、项目验收把关不严等。

**2. 建立机制**

【职责界面】公司数字化专业制定总体原则、基本方法和标准，管控公司级项目建设，各专业负责本业务领域信息化建设项目需求提出、评审及验收。二、三级单位分别负责本单位信息化项目建设，项目建设单位负责具体实施。

【机制内容】

（1）组织立项管理。各级数字化专业充分考虑现阶段信息系统应用中存在的问题，全面收集各业务部门信息化需求，开展项目立项、可研编制、项目评审，重点审查项目的必要性、拟解决的问题、提出的技术要求、实现的业务功能、达到的管理目的等。

（2）开展风险评估。建设单位系统识别信息化项目设计、采购、施工、验收等建设过程的危害因素，评估存在的风险和等级，制定风险控制措施，运用到项目实施各阶段。

（3）落实过程管控。建设单位对项目实施过程中的风险进行监测和控制，制定项目实施方案，做好系统安装及运行环境的部署。组织开展项目功能、性能、安全等测试工作，协助业务部门开展数据迁移。针对达到试运行要求的项目，提出初步验收申请。

（4）开展初步验收。建设单位按照验收标准及项目合同文件进行初步验收，关注项目技术、项目功能、工程量、用户体验、技术架构、数据管控、网络安全技术等因素，督促做好初验问题的闭环整改，验收完成填写验收确认单。

（5）开展项目试运行。各级数字化专业组织开展信息系统上线前的安全检测，发布系统试运行公告及业务试运行方案，配置信息安全运行监测预警系统。开展系统运行监测，协调解决发现的问题，重点关注初验遗留问题整改情况。针对存在重大问题或者不符合技术管控要求的，有权强制关停系统。

（6）组织竣工验收。各级数字化专业根据系统上线稳定运行情况和业务需求实现情况，按照验收标准和合同要求组织开展竣工验收，关注初步验收和试运行期间问题解决情况，判断系统是否满足转运维移交要求。验收合格后，系统转入正常运行状态。

（7）开展分析改进。定期统计分析项目立项需求、过程风险管控、验收问题整改、系统功能实现、数据安全稳定等方面存在的问题，分析问题原因，制定整改措施，融入日常管理以完善长效机制。

### 3. 机制运转

【技术支撑】

（1）健全制度标准。公司、二级单位建立相互承接的信息化项目建设管理制度和两书，三级单位承接编制本地化两书，涵盖组织立项、风险评估、过程管控、初步验收、试运行、竣工验收、分析改进等管理环节，分层分级明确管理要求和实施方法。

（2）完善技术标准。建立完善入网安全标准、实用化评价标准、信息系统安全等级保护标准、应用软件系统验收标准等技术规范。

（3）完善信息系统。推动信息化项目从立项到竣工验收全过程的信息化管理，实现信息化项目运行期间风险自动识别和管控。

【运转效果】基于业务需求和发展需要实施信息化项目建设，控制建设及入网风险，确保建设成果和质量，支撑各业务高质量发展。

### 4. 检查改进

【日常检查】各单位通过信息系统、现场检查等方式，检查项目需求、项目进度、项目质量、项目实用化等情况，分析人员履职情况和管控效能。

【总结改进】定期收集三、四级单位信息系统应用存在的问题，通过修编两书等改进管理机制。二级单位协调解决信息化项目建设中的资源调配，做好系统运行监测。公司组织研究改进信息化项目建设管控的制度、方法、标准。

## （三）网络风险管理

### 1. 识别对象

【管理对象】管控公司系统各单位网络危害辨识、风险评估、风险控制及回顾的过程。

【业务目的】有效管控网络风险，保障公司关键信息基础设施及数据安全，确保网络处于稳定可靠运行状态。

【风险原因】存在信息系统故障、关键信息基础设施破坏、网络瘫痪、数据丢失、信息泄露等风险。主要原因包括网络危害因素辨识不全、控制措施不足、信息系统配置不合理、人员操作不当、漏洞修复不及时等。

### 2. 建立机制

【职责界面】公司数字化专业制定总体原则、基本方法和标准，系统运行专业负责电力监控信息系统网络风险的专业管理，各专业负责本业务领域的网络风险管控工作。二、三级单位承接本地化，落实本层级网络风险管控职责。

【机制内容】

（1）辨识危害。基于网络及相关设备运行环境，全面识别影响网络安全和可靠运行的内外部危害因素，包括有害程序、网络攻击、数据破坏、信息内容安全、设备设施故障、灾害性事件、不规范作业等。综合运用专线检查、攻防演习、网络安全监测告警等，识别网络安全问题。

（2）评估风险。针对识别的网络危害因素，综合考虑资产信息、脆弱性信息、威胁信息，按照评估标准，开展基准、基于问题的风险评估，从系统重要性、资产价值、风险出现频率、业务停摆后果、客户利益等方面，综合评判风险等级。应基于突发事件、特殊保供电等要求，动态评估变化后的风险。

（3）制定措施。针对风险评估结果，从规划、设计、投运、运行、退役各环节分别制定控制措施，重点关注网络安全专项规划、总体防护方案、网络安全架构、人员网络安全意识能力、网络安全技术、数据全过程安全管理、供应链网络安全、网络安全等级保护、关键信息基础设施、网络安全监测预警等方面的措施。

（4）落实防护。基于风险落实安全防护措施，完善关键节点的安全布防策略，收缩网络安全暴露面，做好物理环境安全隔离。主机安全防护应关注操作系统安全和数据库系统安全；网络安全防护应关注安全区域划分、区域边界访问控制、网络设备安全防护；应用系统安全防护应关注中间件安全、应用软件安全、数据安全。

（5）开展监控。开展网络安全风险的常态化监视和控制，持续跟踪风险管控情况，及时识别风险变化，做好分析研判、应急处置、通报预警、协同联动、追踪溯源等，实现风险监控动态闭环。

（6）分析改进。定期统计分析网络危害因素辨识全面性、风险评估科学性、控制措施有效性等情况，分析问题原因，制定整改措施，融入日常管理以完善长效机制。

### 3. 机制运转

【技术支撑】

（1）健全制度标准。公司、二级单位建立相互承接的网络风险管理制度和两书，三级单位承接编制本地化两书，涵盖辨识危害、评估风险、制定措施、落实防护、开展监控、分析改进等管理环节，分层分级明确管理要求和实施方法。

（2）健全技术标准。建立完善网络风险危害辨识与风险评估标准、网络安全检测标准、信息系统安全等级保护划分标准等技术规范。

（3）建立监测系统。实现网络风险监测、分析研判、通报预警、应急处置、追踪溯源等信息化功能，包括"云盾""云集"等系统。

110

（4）创新技术支撑。研究包括电力可信安全防护、新一代网络隔离、可信白名单等技术，综合运用 5G、物联网等网络安全防御技术，提升网络安全防护能力。

【运转效果】实时监测影响网络安全、稳定运行的因素，动态评估网络风险并及时预警，有效应对网络安全突发事件并控制损失，持续提升网络抗风险能力，实现网络安全稳定运行。

**4. 检查改进**

【日常检查】各单位通过在线监测、网络攻防演练、专项检查等方式，检查网络安全专项规划执行、防护方案落实、网络安全隐患治理等情况，验证人员履职情况和网络风险管控效能。

【总结改进】定期收集三级单位网络风险评估、网络建设、安全防护等过程中存在的问题，通过修编两书等改进管理机制。二级单位优化网络安全指标、网络风险防控措施、资源配置等。公司组织研究改进网络风险管控策略、制度及标准。

**（四）数据资产管理**

**1. 识别对象**

【管理对象】管控公司系统数据资产的规划、创建、传输、加工、使用、归档、销毁等过程。

【业务目的】确保数据准确采集、高效传输和安全可靠利用，系统管控数据资产相关风险，充分发挥数据资产的价值，有效服务安全生产。

【风险原因】存在数据资产损坏、数据违规获取、数据违规使用、数据泄露、数据质量不合格等风险。主要原因包括数据标准缺失、数据资产目录不规范、数据运维不到位、数据安全防护水平不足等。

**2. 建立机制**

【职责界面】公司数字化专业制定总体原则、基本方法和标准，各专业负责制定本专业数据质量标准，南网数字集团提供数据技术服务和支撑，二级单位负责本单位数据资产管理工作，三级单位负责数据全生命周期运维。

【机制内容】

（1）做好数据规划。数字化专业组织确定业务活动的各类数据及相互关系，编制数据规划，统一数据标准，搭建数据模型，设计数据管理蓝图，实施数据分类管理，组织编制并发布数据资产目录，从规划源头管控数据资产全生命周期的风险。

（2）数据识别与采集。数字化专业组织识别元数据，包括业务元数据、技术元数据、管理元数据。按照"应采尽采"原则，全面采集各业务数据，实施数据质量监控，保证采集数据的准确、完整、及时、一致、规范。采集后的数据应进行分类分级管控。

（3）数据传输与存储。数字化专业组织做好数据传输通道的维护，保障数据传输安全、效率、质量。应基于数据量增长、数据存储安全需求、合规性要求等，制定数据存储架构，建立数据归档存储的规范化流程和安全保护措施，明确数据访问和存储介质控制要求，管控数据访问风险。定期开展数据的复制、备份和恢复，实现对存储数据的冗余性管理，保护数据的有效性。

（4）数据加工与应用。各单位实施数据加密管理和溯源管控，对敏感数据进行脱敏处理，控制重要或敏感数据在加工处理过程中的风险，实现数据源的可追溯。建立涵盖规划、建设、运营及评估的数据应用模式，积极引导各单位自主获取数据、自主建设数据应用。开展数据交换监控，管控可能存在的数据滥用、数据泄露等安全风险。

（5）数据销毁与防泄露。建立数据内容的清除、净化管控要求，完善介质的安全销毁规程和技术手段，防止恶意恢复、介质丢失、未授权访问等导致的数据泄露风险，实现数据的有效销毁。

（6）开展分析与改进。定期统计分析数据质量、数据安全、数据运维、数据共享、数据应用等情况，分析问题原因，制定整改措施，融入日常管理以完善长效管理机制。

## 3. 机制运转

【技术支撑】

（1）健全制度标准。公司、二级单位建立相互承接的数据资产管理制度和两书，三级单位承接编制本地化两书，涵盖数据规划、识别采集、传输存储、加工应用、数据销毁、防止泄露、分析改进等管理环节，分层分级明确管理要求和实施方法。

（2）健全技术标准。完善数据模型设计、数据采集技术、数据安全分级分类等标准和规范。

（3）建立数据中心。实现全域数据统一汇聚、海量数据统一存储、数据模型统一设计、多元服务统一支撑、数据安全统一保障，通过组件方式上承业务、下连数据，为公司业务提供数据服务，推动数据开放共享，释放数据资产价值。

【运转效果】数据资产管理职责清晰，数据资产互联互通，开发共享、协同应用，数据资产价值得到充分释放。

## 4. 检查改进

【日常检查】公司及二级单位通过信息系统、监控系统、指标考核等方式，检查数据资产管理、数据质量、数据标准执行等情况，分析各单位数据资产管理人员履职情况和管控效能。

【总结改进】定期收集各单位数据标准、外部数据采购、数据资产目录变更、数据模型、数据认责、数据质量、数据共享、数据应用等方面存在的问题，通过修编两书等改进管理机制。二级单位总结数据认责情况，协调解决问题。公司组织研究改进数据资产管理制度、方法和标准。

# 八、新兴业务专业

## （一）新兴业务管理

### 1. 识别对象

【管理对象】管控公司系统围绕输配电核心业务链，向供给侧和需求侧延伸形成的工程建设服务、创新创业服务、新能源建设等过程。

【业务目的】提升新兴业务管理水平，巩固传统服务能力，以新技术新模式助力管制业务转型升级，以新产品新服务形成对供电基础服务的有效补充，在确保安全稳定的前提下，最大程度创造价值、增加效益。

【风险原因】存在体制机制不健全、安全管控失效、人员责任缺位等风险。主要原因包括安全管理制度缺失、资源保障不足、考核评价不完善等。

## 2. 建立机制

【职责界面】公司新兴业务管理专业制定总体要求和管理标准，负责新兴业务的统筹管理，指导、监督业务开展；安监专业负责综合监督管理；生技、基建、数字化等专业按照业务划分，在各自领域内对新兴业务企业履行专业管理、指导、监督等职责，制定相关的管理标准。二级单位承接本地化，督促各新兴业务企业落实管理要求。

【机制内容】

（1）开展业务规划。公司基于政策和市场研究，编制新兴业务发展规划，明确发展方向、目标和总体原则。各新兴业务企业结合规划要求、资源配置能力、施工承载能力、市场规模等，制定本单位的业务实施策略和重点任务，并基于内外部因数变化滚动修编。

（2）评估业务风险。基于不同业务类型，明确风险评估要求，构建全面风险管控体系，关注安全生产、投资经营、合法合规等风险，做好风险的定性和定量评估分析。

（3）制定管控措施。基于风险评估结果，制定各业务管理策略和管控措施，完善风险防控、风险研判、决策评估、防控协同、责任追究等机制。建立工作承载能力计算模型，推动企业承载能力与所承接工程量相匹配。建安类企业应制定符合企业实际的安全生产规章制度，建立健全安全生产责任制和安全管理机构，配备专兼职安全监管人员，监督落实风险管控措施。健全分包管理长效机制，提升分包管理的安全治理能力。

（4）开展业务监督。采取视频监控、信息系统、人工智能、大数据分析等手段，对新兴业务全过程进行监督和管控，发现问题及时督促整改，对重复发生问题进行严肃问责。常态化开展专项审计，对审计中发现的普遍性、代表性问题，强化监督整改，确保业务运转依法合规。

（5）组织考核评价。基于企业实际情况，建立安全和经营并重的考核指标库，形成"一企一库"，融入企业考核方案，基于安全生产和经营情况开展差异化考核评价，促进业务的优胜劣汰，实现安全生产、投资经营、企业效益的动态平衡。

（6）开展分析改进。定期统计分析新兴业务机构设置、分包管理、承载能力、合规管理等方面存在的问题，点面结合分析原因，融入日常管理以完善长效机制。

**3. 机制运转**

【技术支撑】

（1）健全制度标准。公司、二级单位建立相互承接的新兴业务管理制度和两书，三级单位承接编制本地化两书，涵盖业务规划、业务风险、管控措施、业务监督、考核评价、分析改进等管理环节，分层分级明确管理要求和实施方法。

（2）健全技术标准。建立企业承载能力评估模型，健全大集体企业分包管理指导方法。

（3）完善信息系统。建立新兴业务管理信息系统，实现任务计划、风险评估、过程管控、业务监督、考核评价等过程的信息化管理。

【运转效果】新兴业务发展方向明确，各方权责清晰，资源配置到位，过程管控透明，考核评价科学有效，实现新兴业务高水平安全和高质量发展。

**4. 检查改进**

【日常检查】各级单位通过资料检查、定期抽查、监察审计等方式，检查新兴业务开展的安全性和合规性，并提出专业指导意见。平台公司检查合同执行、项目管理、风险管控措施执行等情况。

【总结改进】定期收集新兴业务管理存在的问题，统计指标完成情况，三级单位制定措施优化管理，通过修编两书等改进管理机制，提升指标和效益。二级单位优化承载能力评价模型和指标库，调整资源配置。公司组织研究改进管理标准和方法。

## 九、国际业务专业

### （一）国际业务管理

#### 1. 识别对象

【管理对象】管控公司系统内涉及境外的项目及业务。

【业务目的】依法合规拓展境外资产投资运营、国际产能合作，做优做强做大国际化发展平台，全面提升公司国际化发展水平和全球竞争力。

【风险原因】存在国家或公司形象受损、双边法律或合同纠纷、国际工程项目人身伤亡等风险。主要原因包括管理制度不全面、外部环境风险识别不清、人员管理不规范、施工现场风险管控不严等。

#### 2. 建立机制

【职责界面】公司国际业务管理专业制定公司国际业务管理制度、办法，负责国际业务的统筹管理；各专业部门履行对国际业务的专业管理；国际业务平台公司制定相应国际业务发展规划，推动重大项目落地实施。其他相关分子公司承接本地化，负责所辖境外项目管理。

【机制内容】

（1）业务规划。公司及分子公司贯彻落实国家能源安全战略，基于市场规律、商业原则和公司业务能力，编制国际业务发展规划，涵盖互联互通、境外投资、境外融资、国际资本运作、境外非投资等业务，确定发展目标、关键指标和重点任务，基于内外部环境的变化滚动修编投资策略及境外投资计划。

（2）评估风险。基于境外项目所在国家（地区）安全生产技术标准和公司有关规定，健全国际业务安全生产责任制和管理规章制度，建立"分层分类分级"的风险识别、评估、预警、应对、控制、改进机制，定期组织开展合规检查和安全生产大检查，推动境外项目安全生产平稳有序。建立境外重大项目投资决策前置审查机制，明确项目决策流程和权责要求，落实项目前期可研、尽职调查、风险评估报告等要求，完善项目负面清单。

（3）项目实施。按照年度投资策略，提出项目年度投资计划和预算，确保承接项目与业务能力相匹配。取得项目所在国家（地区）政策许可，编制投资项目实施方案。境外非投资项目按照我国和项目所在国家政策法规，组织做好项目过程实施，规范项目进度、质量、安全、资金、造价、技术、分包、采购、风险等管理内容。建立项目重大事项及时报告机制，明确报告内容和时限，保证信息及时传递和处置。

（4）中止与评价。因外部因素出现重大变化造成项目中止或终止的，应编制项目中止或终止报告，提出处置方案建议，并提交公司决策机构审查后实施。项目结束后，开展项目后评价，形成项目评价报告，总结项目经验提出对策及后续建议。

（5）分析改进。定期统计分析业务规划执行偏差情况、关键指标完成情况、项目实施过程等存在的问题，点面结合分析原因，融入日常管理以完善长效机制。

**3. 机制运转**

【技术支撑】

（1）建立健全制度标准。公司、二级单位建立相互承接的国际业务管理制度和两书，三级单位承接编制本地化两书，涵盖业务规划、评估风险、项目实施、中止评价、分析改进等管理环节，分层分级明确管理要求和实施方法。

（2）建立国际业务规范。基于不同业务类型制定业务工作指引、考核评价标准，明确相关业务流程节点、责任主体、实施规范。

（3）建立远程监测平台。建立远程监测平台，实现境外业务远程监测、信息收集、分析统计、汇总报送、风险管控等过程的信息化管理。

【运转效果】规范国际业务策划、组织、实施的全过程，境外项目涉及风险可控在控，实现国际业务高质量发展。

### 4. 检查改进

【日常检查】公司及二级单位通过资料检查、定期抽查、信息系统等方式，检查项目实施的科学性和合理性，评估投资效益，给予专业指导。三级单位检查合同执行、项目管理、风险管控措施执行等情况。

【总结改进】定期收集国际业务管理存在问题，统计关键指标完成情况，三级单位制定措施优化管理，通过修编两书等改进管理机制，提升指标和效益，二级单位统筹资源、协调解决问题，公司组织研究改进制度、标准和方法。

# 十、安全监管专业

## （一）现场作业风险管控

### 1. 识别对象

【管理对象】全过程管控公司系统生产经营单位各类人员在作业场所开展的现场作业。

【业务目的】系统性管控现场作业风险，统筹配置资源，构建安监部门综合监管和专业部门主体管理相结合的管控格局。

【风险原因】现场作业时存在人身伤亡、误动误碰误操作、电网减供、设备故障、健康受损等风险。主要原因包括计划安排无序、随意降低风险等级、管理人员未有效管控、作业资源配置不准确、作业违章屡禁不止等。

## 2. 建立机制

【职责界面】公司归口管理部门制定总体原则、基本方法和标准，专业部门制定本专业典型作业风险清单和分级管控要求，二、三级单位承接本地化，形成 $1+N$ 作业风险管控机制。

【机制内容】

（1）作业任务全部纳入计划。对计划性和临时性作业任务全部纳入年月周日作业计划，临时作业任务经审批后纳入计划管理，严防体外循环。

（2）作业计划分级沟通协调。分层级分专业开展年月周日作业计划沟通协调，评估饱和度严控工作节奏。三、四级单位负责人每月组织专题会议进行统筹协调，匹配资源。

（3）立体化作业风险评估。三级及以上单位开展 PES 法基准风险评估，公司、二、三级单位开展基于问题风险评估，四级单位至班组结合现场勘察开展场景式持续风险评估，确定风险等级、分级管控策略。

（4）现场作业过程管控。作业前完成作业人员、文件、物资、工具等资源准备。履行作业许可手续，先接视频后开展作业，发现不具备条件时现场人员可停止作业、有权拒绝作业。各级人员采取现场、视频、电话、文件、信息系统等方式，根据风险等级开展管控。监控中心和各专业部门按职责分工开展线上线下相结合的立体化、穿透式监督检查，鼓励主动暴露并改进。

（5）分析改进管控机制。定期统计分析作业计划分解平衡、风险评估、安全措施落实、人员到位管控、现场违章等情况，建立健全问题数据库，点面结合分析问题原因，融入日常管理以完善长效管理机制。

## 3. 机制运转

【技术支撑】

（1）健全作业风险管控制度。公司、二级单位建立相互承接的现场作业风险管控制度和两书，三级单位承接编制本地化两书，涵盖作业任务、作业计划、风险评估、过程管控、分析改进等管理环节，分层分级明确管理要求和实施方法。

（2）建立作业风险监控中心。分层级在现有平台、中心等软硬件基础上拓展作业风险监控职能，固化监控人员和日常工作机制，对作业计划、风险评估、作业过程等全过程实现透明管控。

（3）作业现场配置视频监控。根据实际情况灵活配置在线视频、执法记录仪等监控设备，优先对高风险、环境复杂、易失控、隐患多的作业实现视频监控。先确认视频连接正常再开展作业，将无视频作业纳入违章和四类问题查处。

（4）信息系统支撑机制运转。对作业计划、风险评估、作业过程、人员到位等实现信息化管理，自动推送信息、统计数据。

【运转效果】所有作业的实施过程透明，明确风险分布和到位人员、及时预警作业风险、准确配置资源、及时发现并制止违章，实现各类作业风险立体化、源头化、透明化管控。

4. 检查改进

【日常检查】各单位分层分级通过信息系统、视频监控、电话语音、资料文件及现场检查等方式，检查机制建立、资源保障、运转效果等内容，分析各专业监督效能和职责履行情况、各单位安全生产状态和作业风险管控效能。

【总结改进】定期收集三、四级单位作业风险管控方法和标准存在的问题，通过修编两书等改进管理机制，二级单位优化资源配置、协调解决困难，公司组织研究改进作业风险管控机制、方法、标准。

（二）安全文化建设

1. 识别对象

【管理对象】管控公司安全理念、安全愿景、安全目标及其传播和固化过程，员工安全价值观的树立和安全习惯的培养过程。

【业务目的】发挥党建引领作用，构建企业引导、员工自律、全员参与的安全文化建设格局，为本质安全型企业建设提供思想保证、精神动力和人文支持。

【风险原因】存在员工对安全文化认同感不足、互助分享氛围不足、主动暴露意愿不强、不良安全行为未及时发现纠正、党建对安全生产促进不足等风险。主要原因包括安全文化内涵未有效提炼、安全文化宣传教育不到位、安全激励不足、问题发现工具未有效建立、党建与安全生产融合不足等。

**2. 建立机制**

【职责界面】公司安监专业制定安全文化建设的总体原则、实施路径和标准，对公司安全文化建设进行总体布局和管控；其他专业负责推进本专业安全文化建设工作。二、三级单位承接本地化，推动各级人员对公司安全文化的认知、认同和践行。

【机制内容】

（1）设计安全文化框架内涵。基于企业安全风险情况、员工安全意识和行为表现，提出代表企业鲜明特征，符合企业安全生产实际和发展目标的安全理念、安全愿景、安全目标等，体现以人为本、安全发展、风险预控等积极向上的安全价值观和先进理念。制定安全文化建设规范或实施方案，明确任务举措、路径方法，统筹资源保障。

（2）推动安全文化内化于心。创新宣传形式，丰富传播载体，畅通分享渠道，以安全生产月、安全文化节、主题宣讲、知识竞赛、文艺创作、文化论坛等形式，广泛开展安全文化的宣传、教育、培训。建设安全文化展馆或展厅，构建安全文化学习交流平台，实现资源共享。

（3）推动安全文化固化于制。通过制定年度安全目标、分解安全指标、开展安全承诺、组织安全责任书签订等形式，将安全文化融入管理、切入业务，转化为各项安全工作的价值准则，推进安全文化与管理制度、管理工具、管理实践深度融合。

（4）推动安全文化外化于行。构建安全文化对员工行为的软约束机制。通过打造示范标杆、树立安全榜样、设立安全荣誉等正向激励方式，鼓励良好的安全表现，倡导"知行合一"的执行力文化。通过"三不一鼓励"等问题主动暴露机制以及对事故事件、督查检查巡查发现问题的分析，及时发现偏离安全价值观的行为表现，通过警示教育、分享互助、党群关怀、家企联动等形式引导纠偏，推动安全价值观的再凝聚并转化为员工的行为习惯。探索建立安全信用机制，明确信用系统的内容维度、衡量标准。

（5）推动党建与安全深度融合。党委把方向管大局，建立安全生产"第一议程"学习机制，带头弘扬"人民至上、生命至上"的工作理念，将基层结构性缺员、资源配置不足等安全生产突出问题作为党委重点任务督办落实。党支部发挥战斗堡垒作用，将违章治理、提升安全知识技能等列为支部项目，形成支部合力、凝聚安全共识。党员发挥模范带头作用，建立安全生产突出问题和违章事件党员履职分析机制，推动党员和党员身边无违章取得实效。

（6）开展安全文化建设评价。定期开展安全文化建设评价、领导可感度测量评估、安全文化理念匹配度测量评估，组织安全文化示范单位和示范班组评选，及时了解安全文化发展状况和存在问题，完善安全文化建设长效管理机制。

### 3. 机制运转

【技术支撑】

（1）健全制度标准。公司、二级单位建立相互承接的安全文化建设制度和两书，三级单位承接编制本地化两书，涵盖框架内涵、形式载体、目标指标、约束激励、党建融合、建设评价等管理环节，分层分级明确管理要求和实施方法。

（2）健全技术标准。建立健全安全文化建设规范、安全文化评价标准、安全文化示范单位评选标准、安全文化示范班组评选标准、安全信用衡量标准等技术规范。

（3）完善信息系统。完善"南网强安"App 等安全学习传播平台，挖掘"云大物移智"等数字化、智能化技术，打造安全文化大数据平台，实现安全文化评价、安全信用管理等信息化功能。

【运转效果】建立科学完整的安全文化理念、发展方向和目标，员工深刻理解、高度认同安全文化内涵并主动转化为自己的工作行为准则，各层级形成按标准做事的习惯，员工主动分享安全经验、暴露不安全行为。

### 4. 检查改进

【日常检查】公司及二级单位通过信息系统、安全文化评价等方式，检查各单位安全文化建设水平，评估安全文化建设所需资源投入和机制有效运转情况。三、四级单位结合安全文化示范点建设情况，通过安全督查检查巡查和员工安全行为表现等，评估安全文化建设工作的有效性。

【总结改进】三、四级单位定期收集员工在安全态度、安全行为习惯等方面存在的问题，通过修编两书等改进管理机制。二级单位优化资源配置、协调解决困难。公司组织研究改进安全文化建设制度、方法、标准，更新安全理念、愿景和目标。

## （三）职业健康管理

### 1. 识别对象

【管理对象】管控公司系统各类人员在生产生活场所的职业健康。

【业务目的】控制公司员工以及进入公司生产办公区域或参与生产经营活动相关人员的职业健康风险，保障人员职业健康。

【风险原因】存在员工健康受损、引发职业病、违反法律法规、影响企业健康形象等风险。主要原因包括危害辨识不充分、风险评估不准确、法律法规识别不全面、职业病防护设施未落实"三同时"、管控资源投入不足等。

### 2. 建立机制

【职责界面】公司安监专业负责制定职业健康管理制度和标准，统筹职业健康管理工作。各专业按职责分工落实项目费用，组织业务领域和场所的职业健康规划设计、建设施工、风险评估、个人防护、员工体检、心理健康管理等工作。二、三级单位负责承接细化职业健康管理制度标准，在生产成本中列支费用，全面开展本层级职业健康管理工作。

【机制内容】

（1）开展评估风险。组织全面辨识生产办公区域内的职业健康危害因素，开展定性和定量的风险分析与评估，分层分级分专业制定风险管控措施，对相关方进行危害告知。当内外部条件变化时，应组织开展持续或基于问题的风险评估，更新管控措施。针对劳动过程或工作场所存在职业病危害因素，可能产生职业病的情况，应开展职业病危害申报。

（2）开展项目预防。在工程项目可研阶段开展职业病危害预评价，落实职业病防护设施"三同时"要求，将所需费用纳入工程预算。建设阶段开展设计评审并同步建设，建设完成后对相关设施进行验收，对控制效果进行评价。

（3）实施劳动防护。将职业健康风险管控措施纳入各专业日常计划，通过改造工作环境、合理安排计划工期、配置监测报警装置、配置防护设备设施、配备个人防护用品、配置急救设施等方面落实管控。

（4）开展培训辅导。建立员工职业健康培训与心理健康管理机制，对员工进行上岗前和在岗期间的职业健康培训与心理健康辅导。结合不同岗位的工作性质和工作环境，分类组织急救员培训、取证，确保员工掌握危害辨识、风险控制、应急防护、紧急救援等知识技能。

（5）落实医疗康复。建立常规体检计划和职业健康体检计划，完善健康档案，掌握全体员工的职业健康状况和趋势性问题，及时预警并落实预防措施，严格按照职业禁忌要求，合理调整岗位、安排作业。发生职业健康事故事件时，应逐级上报，有序组织应急处置和医疗救治，配合政府部门开展职业病调查认定。针对遭受或可能遭受职业病危害的员工，及时组织检查和认定，对确诊职业病的员工进行康复治疗。

（6）开展分析改进。定期总结职业健康风险管控、建设项目预防、

124

劳动防护、医疗康复等情况，查找问题分析趋势，及时调整管控资源和措施，推动建立长效管控机制。

**3. 机制运转**

【技术支撑】

（1）健全制度标准。公司、二级单位建立相互承接的职业健康管理制度和两书，三级单位承接编制本地化两书，涵盖评估风险、项目预防、劳动防护、培训辅导、医疗康复、分析改进等管理环节，分层分级明确管理要求和实施方法。

（2）健全技术标准。依托电力行业职业健康标委会、职业健康工作网，完善电网企业职业健康危害监测、风险评估、劳动防护等标准和规范。

（3）完善信息系统。完善信息系统功能，实现职业健康危害监测、风险管控、人机工效调查、体检监护、急救康复等过程的信息化管理。

（4）应用新技术。研究推广智能巡检和遥信遥测等新技术、新设备、新工艺、新方法保护员工职业健康。建立职业健康技术研究工作室、专项实验室等技术平台，开展健康适能检测、疲劳监测预警等技术研究。

【运转效果】充分识别职业健康危害因素并有效管控风险，全面掌握员工职业健康状态，及时预警趋势性、倾向性问题，系统落实岗位调整、医疗康复等管控措施，保障员工职业健康。

**4. 检查改进**

【日常检查】公司通过信息系统、职业病危害申报等方式，检查各专业、各单位履职情况。二级单位通过职业健康危害事件统计，检查资源投入的有效性。三、四级单位通过日常检查、随机抽查等方式，对危害辨识、劳动防护、监测预警等情况进行跟踪和验证。

【总结改进】三、四级单位总结职业健康风险评估的全面性和准确性，改进危害辨识和管控方法，通过修编两书等改进管理机制。二级单位总结典型问题分析和闭环整改情况，优化资源配置。公司总结相关技术标准、信息系统的实用性，修编制度标准，优化信息系统功能。

## （四）保供电管理

### 1. 识别对象

【管理对象】管控公司系统各单位落实电网及设备设施的安全运行措施，确保重要时段和重要场所安全、可靠供电的全过程。

【业务目的】确保保供电期间电力系统安全稳定运行，保证重要保供电场所安全可靠供电，杜绝发生造成严重社会影响的停电事件。

【风险原因】存在重要保供电场所停电、未有效处理突发事件、造成严重社会影响、引发负面舆情等风险。主要原因包括保供电风险评估不足、措施制定不全面、措施落实不到位、过程监督不严格、应急预案不科学、演练不足等。

### 2. 建立机制

【职责界面】公司安监专业负责制定总体原则和制度标准，各专业负责制定并落实本专业保供电管理措施。二、三、四级单位作为保供电工作实施主体，分层分级组织落实各类保供电任务。

【机制内容】

（1）确定保供电级别。各单位完善保供电准入标准，应明确无偿保供电服务条件以及有偿保供电的标准，指导合理使用保供电资源。接收来自政府部门、上级单位、社会层面的保供电任务，按重要程度研判保供电任务级别，分级策划组织实施，做好保供电任务横向、纵向传递协调。

（2）编制保供电方案。各级安监专业根据保供电任务和级别，统筹编制保供电综合方案，相关专业按分工编制专项方案，明确保供目标、组织机构、职责分工、工作计划、监督检查、应急措施等要求，充分考虑人员、物资、资金等保障资源。

（3）开展保供电准备。各单位相关专业按照职责开展保供电准备工作，根据保供电任务特点全面开展风险评估，重点关注电网运行、设备运行、网络信息安全、应急能力、用电安全等因素。基于评估结果梳理重要生产场所及设备清单，统筹电网运行方式安排、保供电设备检修消缺、信息安全策略调整、保供电场所用电检查，做好应急预案演练、用户隐患整改、值班值守等工作。建立保供电协作机制，充分联动属地政府与相关用户。

（4）组织实施保供电。各单位按照保供电方案，落实各项保供电任务。安监专业做好综合监督，关注运行方式安排、设备特殊运维、用电安全检查、网络安全防护等工作。相关专业做好信息报送，落实保供电期间的职责任务，严格值班值守。出现应急事件时，应按照应急预案，统一指挥，有效处置。

（5）分析改进工作机制。保供电任务结束后应开展保供电总结，全面分析保供电任务完成情况、保供电方案执行情况、信息报送情况、突发事件应急处置情况等，分析问题原因，促进建立长效管理机制。

### 3. 机制运转

【技术支撑】

（1）健全制度标准。公司、二级单位建立相互承接的保供电管理制度和两书，三级单位承接编制本地化两书，涵盖保供电级别、保供电方案、保供电准备、实施保供电、分析改进等管理环节，分层分级明确管理要求和实施方法。

（2）完善标准规范。完善保供电等级划分、保供电运行值班、设备特殊运维、用电设施管理、应急设备接入等标准规范。

（3）完善信息系统。完善信息系统功能建设，实现保供电任务传递、方案制定、措施执行、隐患整改、信息报送、应急处置等全过程信息化管理。

【运转效果】全面识别保供电任务风险，充分匹配保供电资源，落实各项保供电措施，全面掌握保供电工作动态，突发事件应急处置高效有序，圆满实现保供电任务目标。

**4. 检查改进**

【日常检查】各单位通过信息系统、现场检查等方式，验证保供电准备、措施落实、资源保障、任务完成等情况，分析相关人员职责履行情况和管控效能。

【总结改进】三、四级单位定期总结保供电相关的电网规划、方式安排、设备运维、物资保障、人员投入等情况，改进保供电的流程和方式，通过修编两书等改进管理机制。二级单位总结改进差异化保供电策略、保供电值守安排、保供电信息报送要求等，协调解决保供电工作中存在的问题。公司组织研究改进保供电的机制、方法、标准。

## （五）安全检查督查

**1. 识别对象**

【管理对象】管控公司系统各单位安全检查、督查的组织、实施和问题闭环整改的全过程。

【业务目的】系统识别安全生产过程中的问题，制定纠正与预防措施，促进安全生产职责落地，优化资源配置，建立风险分级管控和隐患排查治理双重预防机制，构建本质安全型企业。

【风险原因】存在问题未有效发现、问题重复发生、风险管控不到位形成隐患、隐患治理不及时导致事故事件等风险。主要原因包括检查督查标准覆盖不全、抽样不全面、根本原因分析不到位、问题整改未闭环、预防机制未建立等。

**2. 建立机制**

【职责界面】公司安监专业制定总体原则和制度标准，各专业负责制定专业领域检查督查标准，落实本专业检查主体责任。二、三级单位承接本地化，分层分级组织检查督查，落实问题整改闭环。

【机制内容】

（1）组织策划。根据安全生产形势变化、季节特点、特定任务、风险预控等情况，策划开展例行检查、专项检查及安全督查。基于风险和季节等特点确定检查对象，明确检查、督查标准，差异化设计检查、督查类型与项目，确保检查针对性。综合采用"线上＋线下"相结合形式开展检查督查，逐步应用数字化、智能化技术，提升检查、督查效能。

（2）制定计划。根据检查类别和要求，制定检查计划，组建检查组，明确检查人员职责、工作要求及资源配置。检查人员应具备相应专业知识和能力，掌握检查方法和技巧。检查对象应关注法律法规依从、作业环境、生产用具、安健环设备设施等情况。

（3）实施检查。按照检查标准，分层分级分专业开展检查，采取由点到面的系统检查方法，科学抽样、客观评价，发现问题、隐患应做好取证和记录。现场检查过程中，应按规定正确使用个人防护用品，发现危及人身安全等紧急情况时，应立即制止。

（4）分析改进。针对发现的具体问题和隐患，应从制度标准的建立、执行、依从等方面分析根本原因，从纠正和预防角度制定整改措施，优化职责界面和资源配置，完善管理机制。通过纳入信息系统等方式跟踪问题、隐患闭环整改情况，落实验收销号。在问题、隐患未得到处理前，应制定相应的风险控制措施并落实管控。运用大数据对检查发现问题、隐患进行统计，比对分析作业人员违章、管理问题和历史事故事件的映射关系，综合研判安全生产形势。

（5）效果评估。通过检查"回头看"等方式，持续跟进、验证问题、隐患整改效果，重点关注严重问题、普遍问题、"三老"问题等整改情况，评估整改效果，促进各级人员履职到位，建立巩固长效机制。

**3. 机制运转**

【技术支撑】

（1）健全制度标准。公司、二级单位建立相互承接的安全检查督查管理制度和两书，三级单位承接编制本地化两书，涵盖组织策划、制定计划、实施检查、分析改进、效果评估等管理环节，分层分级明确管理要求和实施方法。

（2）完善技术标准。建立检查督查的标准规范，明确检查督查范围、检查对象、法律法规要求、制度规定、风险因素等内容。

（3）完善信息系统。建立检查督查信息管理系统，实现检查督查计划制定、问题记录、问题分析、闭环整改等全过程信息化管理，建全各领域问题数据库，通过大数据分析掌握安全生产状况和趋势。

【运转效果】建立全方位检查督查模式，通过信息化、数字化技术，分层分级实施透明化、穿透式的检查督查，全面、系统发现并整改安全生产问题和隐患，以高水平安全推动高质量发展。

**4. 检查改进**

【日常检查】各单位通过信息系统、现场检查等方式，验证安全检查督查计划执行、问题发现、问题整改、长效机制建立等情况，分析相关人员职责履行情况和检查督查效能。

【总结改进】三、四级单位定期总结改进检查督查内容的全面性和针对性，提升人员履职能力和问题整改效果，通过修编两书等改进管理机制。二级单位总结改进检查督查的方式和重点内容。公司组织研究改进检查督查的制度、方法、标准。

## （六）应急管理

**1. 识别对象**

【管理对象】管控公司系统各单位防范应对突发事件的全链条应急机制建设、事前预防、事中处置救援和事后评估改进提升工作。

【业务目的】统筹配置资源，系统性提升突发事件防范应对能力，预防和减少突发事件的发生，控制、减轻和消除突发事件带来的损失和影响。

【风险原因】存在突发事件事前未有效预防、过程未有效应对、事后未有效管控，造成不良后果、衍生事故事件等风险。主要原因包括突发事件识别不全面、规划建设阶段未能考虑防灾应急需要、生产运行阶段应急措施落实不到位、应急预案不完善、培训演练效果不佳、应急指挥人员水平不够、应急队伍处置能力不足、应急装备物资配置维护不到位、应急处置响应不及时等。

**2. 建立机制**

【职责界面】公司安监专业制定应急管理的总体原则、基本方法和标准，建立应急组织、预案、保障、运转机制；各专业按照职责分工负责本专业领域的应急管理工作。二、三、四级单位承接本地化，实施分类管理、分级负责、条块结合、属地为主的应急管理模式。

【机制内容】

（1）识别事件风险。基于风险评估结果，辨识可能发生的突发事件，分析事件的危害、可能性、后果和影响范围。

（2）设置组织机构。建立应急指挥协调机构，设立应急指挥中心及其办公室、现场指挥部，指挥协调突发事件防范应对工作。

（3）开展应急评估。常态化开展应急能力建设评估，对各单位各专业应急机制建设及运转情况进行量化评价，发现问题并持续改进。突发事件应急处置结束后，及时开展应急处置后评估，对突发事件应对的全过程进行回顾总结，固化经验做法，查找问题和不足。应急能力建设评估和应急处置后评估结果得分纳入各单位安全生产风险管理体系评审评分。

（4）编制应急预案。各单位基于突发事件识别结果，建立应急预案系统，包括综合应急预案、专项应急预案、现场处置方案、应急处置卡等。应急预案编制应充分考虑应急过程的风险、所需资源、响应等级、响应程序、人员职责、内外部联系、信息发布等因素。根据标准、环境、外部要求等变化，及时修编应急预案，开展预案的推演、评审、发布和报备。

（5）组织应急演练。各单位按照应急演练周期要求制定演练计划，分层分级分专业组织开展演练，检验应急预案的有效性和适宜性，编制演练评估报告。公司、二级单位每年至少分别开展一次大面积停电和自然灾害的检验性应急演练，演练评价得分作为参演单位安全生产风险管理体系应急管理要素评审评分的组成部分。

（6）配置保障资源。各单位根据应急预案梳理所需的应急物资，明确应急物资储备和装备配置标准，按定额储备和配置。建立应急物资台账并定期盘点、动态更新，明确应急物资检查维护的标准和周期，按期开展检查维护，确保应急物资齐全、充足并处于完好状况。组建各级应急抢修队和应急特勤队，健全日常运转机制，配置充足的应急装备，保持 24 小时待命状态。

（7）开展预警和响应。建立突发事件的预警与响应机制，根据可能发生突发事件的后果和各类应急预案的启动条件，分层分级超前发布应急预警，及时启动应急响应，开展应急处置。与政府部门、救援机构等相关方建立联动机制，充分获取应急信息与资源支持，必要时协同联动共同处置突发事件。

## 3. 机制运转

【技术支撑】

（1）健全制度标准。公司、二级单位建立相互承接的应急管理制度和两书，三级单位承接编制本地化两书，涵盖识别风险、设置机构、开展评估、编制预案、组织演练、配置资源、预警响应等管理环节，分层分级明确管理要求和实施方法。

（2）健全技术标准。建立突发事件等级及预警响应等级标准，健全应急物资和装备的技术标准、配置标准、操作规范、保养维护标准等，优化突发事件应急能力建设和应急处置后评估标准，完善应急队伍、应急基地和应急指挥平台建设管理标准。

（3）完善信息系统。建设电网管理平台应急指挥模块，对机构人员、应急预案、灾害监测、预警响应发布、灾害影响、突发事件发展态势等实现全过程信息化管理。建立统一规范的应急通信系统，实现网、省、地、县指挥平台的互联互通，保障与突发事件现场的实时音视频通信。

（4）研究应用新技术。推广高水平应急装备、智能化勘灾、高精度气象预测、多维通信技术融合等新技术、新设备、新工艺、新方法，提升应急管理效能。

【运转效果】全面识别可能发生的突发事件，准确监测灾害发展态势，应急物资充足有效，应急队伍训练有素，应急装备先进齐全，内外部应急沟通联系畅通高效，突发事件防范应对高效有序。

### 4. 检查改进

【日常检查】公司及二级单位通过应急能力建设评估，对下属单位应急机制建设和运行情况进行评价。各级单位常态化通过应急能力建设自评、电网管理平台、突发事件信息报告、专项检查、综合应对能力评估等方式，检查制度标准、应急管理、应急机构人员、资源配置的充分性适宜性，验证各专业部门履职履责、机制运转、应急保障能力等情况。

【总结改进】各级单位总结应急演练评估、应急能力建设评估、应急处置后评估、日常检查等情况，综合分析应急工作实效，提出合理化建议和需要协调解决的问题，通过修编两书等改进管理机制。二、三级单位优化资源配置、协调解决问题和困难。公司组织研究改进应急管理制度、方法、标准，优化信息系统功能。

## （七）事故事件管理

### 1. 识别对象

【管理对象】管控公司系统各类事故事件的信息报告、调查认定、统计分析、考核问责、问题整改、评价等全过程。

【业务目的】确保事故事件及时报告、调查、统计、分析，深挖风险管控失效原因并采取预控措施，杜绝重复发生。

【风险原因】存在未按要求及时准确报送事故事件信息、未有效消除事故事件隐患、重复发生事故事件等风险。主要原因包括事故事件监管不严、信息报送流程不畅、调查组织不规范、原因分析不到位、问责整改不闭环、警示教育不到位等。

**2. 建立机制**

【职责界面】公司安监专业制定总体原则和制度标准，各专业落实专业主体责任，负责本专业事故事件的协助调查、问题整改和问责。二、三级单位承接本地化，分层分级组织事故事件调查和处理。

【机制内容】

（1）事故事件报告。制定简单易行的事故事件报告程序，明确需报告的事故事件类别，明确报告的对象、时间、方式、内容等要求。未遂事件按照"三不一鼓励"原则，鼓励员工主动报告。各单位相关专业做好事故事件信息的协同、跟踪、判断及督导，确保逐级准确及时报送，杜绝迟报、漏报、谎报、瞒报事故事件信息。

（2）事故事件处置。事故事件发生后，有关单位应当立即启动相应的应急预案和现场处置方案，采取有效处置措施，控制事故事件范围，迅速抢救伤员，防止事故事件蔓延扩大，同时应注意保护事发现场。

（3）事故事件调查。抽调相关专业人员组成调查组，按照事故事件调查程序，根据事故事件的类别、等级及调查权限等，分层分级开展事故事件调查。应用根本原因分析模型、事故树分析方法等，系统查明事故事件经过、直接原因、间接原因、根本原因，认定责任并提出问责建议，评估事故事件再次发生的可能性，提出补救和防范措施，完成调查报告编写，逐级审核并归档。

（4）整改与考核评价。根据事故事件原因，系统提出事故事件整改和预防措施，明确责任人和完成时限，跟踪措施落地。按照"分级管控，权责对等"和"谁考核，谁核实"原则，对各类事故事件发生的责任单位和责任人实施考核问责。开展事故事件"后评价"，从措施落实和预防效果等方面综合评价事故事件整改情况，促进人员履职尽责和长效机制建立。

（5）信息发布与警示。根据事故事件性质和暴露问题，分阶段通过快报、通报、警示教育片等形式，发布事故事件信息。组织各级人员针对事故事件开展学习讨论和警示教育，提升人员防范意识，研讨制定有效措施切断事故事件链条。

（6）统计分析与改进。按月度、年度对事故事件及相关指标进行统计分析，研究发生规律和变化趋势，制定并落实防范措施，监督检查措施落实情况和成效。对事故事件管理各环节进行总结回顾，关注事故事件报告的及时性、原因分析的准确性、调查问责的规范性、整改预防的有效性。

### 3. 机制运转

【技术支撑】

（1）健全制度标准。公司、二级单位建立相互承接的事故事件管理制度和两书，三级单位承接编制本地化两书，涵盖事故事件报告、处置、调查、整改、考核评价、信息发布、警示教育、分析改进等管理环节，分层分级明确管理要求和实施方法。

（2）健全技术标准。完善事故事件等级划分、事故事件报告、调查程序、问责及后评价等标准规范。

（3）完善信息系统。实现事故事件全过程信息化管理，多维度统计分析事故事件，动态掌握趋势和规律，及时跟踪整改闭环情况。

【运转效果】及时准确报送事故事件信息，规范开展调查，系统分析事故事件原因，制定纠正和预防措施，促进各层级履职尽责，有效切断事故事件链条。

### 4. 检查改进

【日常检查】各单位通过信息系统、现场检查等方式，检查事故事件信息报送情况、原因分析、整改落实、问责处理、效果评价等情况，分析相关人员履职情况和管控效能。

【总结改进】三、四级单位总结改进事故事件信息报送、现场处置、措施落实、预防机制建立、未遂事件管理等内容，通过修编两书等改进管理机制。二级单位总结改进事故事件指标、考核标准、预控措施等内容。公司组织研究改进事故事件管理的制度、方法、标准。

## （八）安全生产评审

### 1. 识别对象

【管理对象】管控公司对各单位开展的安全生产评审（包含巡查、审核等全局性评审）与问责整改工作。

【业务目的】系统性发现管理体系运转问题，查找管理原因，分析责任落实整改，做到见事见人见管理，推动安全生产领域转职能、转方式、转作风。

【风险原因】存在问题暴露不充分、原因分析不准确、评价问责不到位、问题整改不闭环等风险。主要原因包括评审准备不充分、人员安排不合理、经验不具备、方法不恰当等。

### 2. 建立机制

【职责界面】公司安监专业建立安全生产评审制度、标准，组织对二级单位的评审工作；各专业负责参与本业务领域安全生产相关业务评审的统筹、监督和指导。二级单位负责承接细化评审制度，组织对三级单位开展评审。三、四级单位落实评审问题的分析整改和举一反三，推动建立安全生产长效机制。

【机制内容】

（1）分类组织评审。各级单位根据安全生产评审周期要求，分别编制本单位全面评审、专项评审、评审回头看的工作计划，经本层级安委会审批后下发执行。评审采取以线上为主、线上线下相结合方式开展，评审前明确检查项目、检查标准、验证方法渠道，抽调相应资质评审员组成评审组。

（2）分级实施评审。公司或二级单位发布评审通知，在现场评审前收集资料、组织评审前培训，提前开展线上评审，查找记录问题待现场核实。三级单位在上级组织评审前开展自暴露和整改。现场评审综合运用查询资料、列席会议、举办座谈、开展访谈、飞行检查、视频抽查、信访核查、问卷调查等线上线下相结合的方式开展，深入查找问题、分析原因、整理素材。

（3）全面分析问题。评审组根据发现问题及被评审单位自暴露问题，运用根本原因分析和 SECP 分析方法，进行四类问题定性，结合人力资源普查结果分析人员配置问题，分析业务管理、作风技能、队伍状态等方面的原因，提出整改意见。评审结束前将所有问题反馈至被评审单位，并收集对上级的工作建议。

（4）开展综合评价。评审组根据问题分析结果，对照安全生产风险管理体系审核要素评分表，按照 SECP 四个环节开展全要素打分，形成初步评审分数及评审等级。评审组根据问题原因，对照人员履职评价标准，对被评审单位开展综合评价，对各层级人员开展履职评价。公司或二级单位根据评审组的初步评审分数、等级，结合被评审单位日常工作表现、各专业管理绩效等进行综合评分，确定最终评审等级。

（5）分层实施问责。二、三级单位根据单位综合评价、人员履职评价结果，按照奖惩规定、问责标准等，结合干部管理权限，分层分级组织对责任人员的问责，对责任单位给予说清楚、会议检讨、通报批评等问责。

（6）分类整改销号。被评审单位根据评审报告及发现问题，开展根本原因分析，制定整改工作计划并落实整改。按照分层分级分专业的原则对问题进行核查销号，责任单位或部门完成问题整改，向同级专业管理部门提出验收申请，验收通过后向同级安监部门申请销号。针对杜绝类、严禁类问题，需经二级单位对应专业部门审核同意后方可销号。二、三级单位安委会定期督促问题整改并通报销号情况。

**3. 机制运转**

【技术支撑】

（1）健全制度标准。公司、二级单位建立相互承接的安全生产评审管理制度和两书，三级单位承接编制本地化两书，涵盖组织评审、实施评审、分析问题、综合评价、实施问责、整改销号等管理环节，分层分级明确管理要求和实施方法。

（2）完善技术标准。完善安全生产风险管理体系评审标准、人员履职评价标准、四类问题定性标准等，明确评审形式、载体和奖惩问责的方法依据。

（3）完善信息系统。完善评审管理信息系统，运用大数据分析，实现评审全过程的信息化管理，探索开发自动评审功能，提升评审工作效率，实时监控安全生产状态，预警安全生产趋势。

【运转效果】充分揭示各专业、各层级安全生产问题，促进各级单位和人员知责明责、履职尽责，促进安全生产资源合理配置，全面改善业务管理、作风技能和队伍状态。

**4. 检查改进**

【日常检查】公司通过总结会议、信息系统等方式，对二级单位评审完成情况进行汇总和跟踪，对工作质量进行监督。二级单位通过信息系统、问题销号申请等方式，分析四类问题的分布和趋势，对安全生产工作及时预警和管控。三级单位通过检查资料、专题会议等，跟踪问题分析和闭环整改情况。

【总结改进】三、四级单位总结收集对评审工作的建议和意见，提出优化改进的措施，通过修编两书等改进管理机制。二级单位通过评审总结会，分析优化各专业职责分工和资源配置，对评审员开展综合考评。公司收集需要协调解决的问题，通过安全监察信息、信息系统等方式传递至公司各专业部门，推动完善专业技术标准，优化信息系统功能。

# 十一、人力资源专业

## （一）机构与人员配置

### 1. 识别对象

【管理对象】管控公司系统内机构的设立、调整和撤销，人员的配置和任命。

【业务目的】承接公司发展战略，建立科学的组织和议事机构，配备具有本质安全能力的员工队伍，为公司安全生产提供必要的组织和人力资源保障。

【风险原因】存在现行机构难以支撑公司发展战略的有效实施、机构职责分工不清晰、机构内部运转不畅等风险，存在机构设置与配备人员的数量和质量不匹配的问题。主要原因包括未结合战略发展设置管理机构、未结合风险情况动态优化组织机构、未结合企业发展开展人员配置、未结合实际需求优化人员配置标准等。

## 2. 建立机制

【职责界面】公司人资专业制定总体原则、基本方法和标准，统筹管理机构和人员配置；各专业负责提出本业务领域机构设置与人员配置的建议，负责归口议事机构的日常管理和人员培训；法规专业复审审核机构设立、调整或撤销的合法性。二、三级单位承接细化，落实所辖机构与人员的管理。

【机制内容】

（1）设立机构。

1）各单位基于法律法规、风险防控、上级制度、安全生产经营管理等要求，确定需设立的组织机构的名称、职责，明确所配置人员的具体要求等，经内部决策通过，报上级单位审批后实施。

2）各单位应将安委会、三级安监网、应急管理机构、消防委员会、职业健康管理、环境管理等机构作为安全生产管理常设议事机构，明确相关职责和义务。各专业基于业务需要或业务调整等，提出议事机构设立申请，经单位内部决策程序后实施。

（2）配置人员。各单位按照人力资源配置标准，结合本单位劳动组织方式、设备技术水平、劳动效率、用工规模、业务外委、人员素质等情况，确定年度岗位定编方案，明确持证上岗要求，报上级备案后实施。

人员配置应满足法律法规等要求，专业搭配合理、分工明确，相关人员应具备履职所需的技术水平和资格，理解并承诺履行被任命职位的职责与义务。人资专业完善选聘或竞聘管理要求，针对岗位人员配置不足的情况，实施内部选聘或竞聘，优先满足生产经营一线的安全管理类和技能类岗位人员配置需求。

（3）调整机构。各单位根据业务范围、管理规模变化，对机构设置、职责分工、人员配备、机构运作等情况进行评估，提出内设机构和议事机构优化调整方案，分层分级组织审批后组织实施。

（4）分析改进。各单位定期统计机构设立、变更和人员配置等情况，分析机构及人员履职情况，针对问题查找根本原因，制定整改措施，确保机构有效运作、人员配置合理。

**3. 机制运转**

【技术支撑】

（1）健全制度标准。公司、二级单位建立相互承接的机构与人员配置管理制度和两书，三级单位承接编制本地化两书，涵盖设立机构、配置人员、调整机构、分析改进等管理环节，分层分级明确管理要求和实施方法。

（2）健全技术标准。基于企业设备技术水平、业务发展情况、劳动组织方式、效率效益等，完善各专业人力资源配置标准，支撑机构与人员配置的科学管理。

（3）信息系统支撑。建立人力资源管理信息系统，实现机构设立、调整、撤销，人员配置、选聘、竞聘等全过程信息化管控。

【运转效果】机构设置充分适宜、权责清晰，人员配置合理合规、尽职尽责，机构与人员高效协同，推动企业高质量发展。

**4. 检查改进**

【日常检查】各级单位通过信息系统、巡视巡察、员工反馈、现场检查等方式，验证机构人员设置情况，公司及二级单位重点检查机构人员配置的依法合规情况，三级单位重点检查机构人员运作的效率。

【总结改进】三级单位总结机构管理和业务运转情况，提出机构与人员调整建议，通过修编两书等改进管理机制。公司及二级单位定期收集机构运转与人员配置存在的问题，二级单位优化机构职能和人员配置标准、协调解决困难，公司组织研究改进机构与人员配置管控的制度、方法、标准。

## （二）培训与评价管理

### 1. 识别对象

【管理对象】管控公司系统开展培训的需求、计划、准备、实施和评价等全过程。

【业务目的】统筹配置培训资源，构建基于岗位胜任能力的培训与评价模型，提高人员安全意识和技术技能水平，构建本质安全的员工队伍。

【风险原因】存在培训计划不合理，师资、场地、课程、经费等软硬件配备不到位，培训效果不佳，人员安全技能和管控能力不足等风险。主要原因包括培训需求不准确、培训计划制定不合理、培训策划不到位、培训效果缺乏针对性、能力评估缺失、培训过程监督缺失等。

### 2. 建立机制

【职责界面】公司人资专业负责制定培训和评价的管理制度和标准，统筹培训计划和经费管理，各专业负责提出本专业培训需求并组织开展培训。二、三级单位承接细化制度标准，负责本单位培训和评价的具体组织和实施。

【机制内容】

（1）收集培训需求。人资专业根据新员工入职情况、岗位培训要求、胜任能力评价模型、岗位说明书要求、岗位风险评估结果、培训评估结果、员工培训需求等内容，采取沟通访谈、问卷调查等多种形式收集培训需求，形成覆盖各个层级和个人的培训需求档案。

（2）编制培训计划。各专业根据培训需求档案，对新老员工现有能力与岗位要求进行对比分析找差距，综合考虑法律法规、企业战略、本质安全管理、重点工作、事故事件教训、新技术新设备应用等要求，形成各专业培训计划。人资专业优化整合各专业培训项目，形成本单位培训计划和经费预算。

（3）开展培训前准备。各单位按照培训计划，做好培训项目策划，分析影响培训实施的制约条件，明确培训目标、培训时间、培训对象、培训方式、师资来源、经费预算、培训场地、设施要求等。针对外委培训，需提前完成培训项目招标采购。

（4）实施培训。培训主办单位按照"谁主办谁负责"的原则，根据培训项目策划开展培训工作，做好学员签到、课堂纪律、考勤等培训过程管理。培训结束后，应完成培训资料收集和档案存档工作。

（5）评估培训效果。各单位根据培训内容、形式、级别等，差异化组织培训评价和效果评估。针对集中培训采取训前、训后测试的方式，考核衡量学员对培训内容的理解掌握程度。重点培训项目需建立效果跟踪检查机制，跟踪验证培训内容对学员意识、技能的提升情况。开展培训满意度调查，了解学员对培训的满意度，改进培训的组织方式和流程。

（6）开展分析改进。定期总结培训计划完成率、培训效果、技能竞赛等情况，结合事故事件、违章统计等反应的问题，分析培训工作存在的不足，制定措施，完善长效管理机制。

**3. 机制运转**

【技术支撑】

（1）建立健全制度标准。公司、二级单位建立相互承接的培训与评价管理制度和两书，三级单位承接编制本地化两书，涵盖培训需求、培训计划、培训准备、培训实施、效果评估、分析改进等管理环节，分层分级明确管理要求和实施方法。

（2）建立培训评价模型。建立基于岗位的培训与评价模型，识别各岗位所需的知识技能、综合素质和法律法规等内容，精准分析培训需求。

（3）健全基础设施支撑。健全培训基地、培训师资、培训经费、培训课程管理标准，明确各类保障资源的开发建设和日常管理要求。

（4）完善信息系统功能。完善培训与评价管理信息系统，实现培训需求调查、计划编制、培训实施、效果评估等全过程信息化管理。

【运转效果】准确收集培训需求，有效整合培训计划，基于岗位风险和个人能力开展各类培训，科学评估培训效果，系统提升个人安全意识和技术技能水平。

**4. 检查改进**

【日常检查】公司及二级单位通过信息系统、现场检查等方式，检查管理机制建立和运转情况。三、四级单位通过现场检查、资料检查、信息系统、任务观察等方式，检查培训计划完成情况、培训经费使用合规性、培训过程管理规范性等。

【总结改进】定期收集培训和评估管理存在问题，三、四级单位对培训计划完成情况和效果评估等进行回顾总结，对培训过程暴露的问题进行分析，通过修编两书等改进管理机制，提升培训效能。二级单位优化资源配置，改进培训及评估模型。公司组织研究改进管理制度和标准，优化信息系统。

## （三）考核评价管理

**1. 识别对象**

【管理对象】管控公司系统考核评价的计划、辅导、考核、反馈、激励、评价等全过程。

【业务目的】建立支撑公司战略、覆盖全员、科学评价、有效激励的考核评价策略，开发员工价值，促进企业和员工共同发展。

【风险原因】存在考核评价内容与岗位职责关联不强、绩效指标设置不合理、绩效考核评价"指挥棒"作用发挥不明显等风险。主要原因包括考核评价策略制定不科学、绩效过程跟踪不及时、绩效沟通不到位、考核评价结果未有效运用等。

**2. 建立机制**

【职责界面】公司人资专业制定总体原则、基本方法和标准，负责员工的考核评价管理工作，指导二级单位开展考核评价。二、三级单位承接本地化，组织开展本单位的考核评价工作。

【机制内容】

（1）制定绩效计划。各单位基于发展战略、安全管理要求和重点工作任务，结合员工岗位职责，以绩效合约等形式与员工约定考核评价内容，商定考核期内的工作目标、考核指标，达成绩效期望共识。按照岗位承接组织、月度（季度）承接年度的原则，将年度关键任务和考核指标分阶段分解至个人，形成个人月度（季度）绩效计划。

（2）开展监控辅导。各单位建立良好的绩效沟通与反馈机制，直线经理采用业绩看板、召开定期分析会等形式，全过程跟踪绩效计划实施进展情况，及时给予员工正确的引导和帮助，指出差距、纠正偏差。各级人员及时汇报工作进程，反馈需协调解决的问题等，确保实现绩效目标。

（3）开展考核评价。各单位建立基于岗位差异和业务特点的差异化员工考核评价模型，明确考评周期和方式。按照"谁用人、谁考评"的原则，充分授权直线经理开展员工绩效考核评价，基于工作业绩和工作表现两个维度开展定性或定量评估，确定员工考核评价分数和等级。

（4）运用评价结果。各单位明确考核评价结果应用方式和渠道，有效应用于薪酬分配、岗位晋升、人才选拔、评先选优、培训开发、福利保障、员工关爱、员工退出等，实现精准激励和有效约束。各级直线经理及时将考核评价结果反馈至个人，针对个人绩效短板或问题，提出改进措施，改进下一周期绩效计划。

（5）开展分析改进。定期对考核评价工作进行总结分析，关注激励约束机制覆盖率、考核准确性、激励有效性等方面，分析问题原因，制定整改措施，融入日常工作改善长效管理机制。

**3. 机制运转**

【技术支撑】

（1）健全制度标准。公司、二级单位建立相互承接的考核评价管理制度和两书，三级单位承接编制本地化两书，涵盖绩效计划、监控辅导、考核评价、结果运用、分析改进等管理环节，分层分级明确管理要求和实施方法。

（2）健全技术标准。建立基于岗位的差异化员工考核评价模型，提升考评评价的规范性和有效性。

（3）信息系统支撑。建立绩效考核评价管理信息系统，实现绩效计划、绩效监控、过程辅导、考核评价等全过程信息化管理。

【运转效果】绩效目标科学设定、层层分解，绩效过程实时监控、及时沟通，考核评价结果有效运用，奖惩激励导向鲜明，团队与个人充分发挥潜能创造价值。

**4. 检查改进**

【日常检查】公司及二级单位通过信息系统、绩效指标分析等方式，检查考核评价机制建立、资源保障、运转效果等内容。三级单位通过信息系统、绩效沟通、现场检查等方式，检查考核评价反馈问题闭环整改情况，验证绩效计划的合理性。

【总结改进】三、四级单位定期总结考核评价标准、绩效沟通、结果应用等存在的问题，通过修编两书等改进管理机制。二级单位从制度建设等方面进行总结回顾，优化考核评价模型，优化考核内容。公司组织研究改进考核评价管理制度、方法和标准。

**（四）一般劳动防护用品管理**

**1. 识别对象**

【管理对象】管控公司系统内一般劳动防护用品的购置、招标采购、验收存储、发放使用、报废更换等全过程。

【业务目的】提供安全、适用、好用的一般劳动防护用品，避免或减轻员工在劳动过程中可能受到的人身伤害及职业危害。

【风险原因】存在一般劳动防护用品配置不足、配置不及时、质量不达标，人员失去有效防护等风险。主要原因包括一般劳动防护用品配置标准不合理、需求识别不准确、采购不及时、品控不严、培训不到位等。

**2. 建立机制**

【职责界面】公司人资专业负责一般劳动防护用品的统筹管理，制定管理制度和标准，落实购置费用。供应链专业负责组织一般劳动防护用品的采购、品控、验收、存储等。二、三级单位承接细化制度及标准，在生产成本中列支费用，落实本层级一般劳动防护用品管理工作。四级单位做好一般劳动防护用品领用、发放、使用，落实问题收集、反馈等工作。

【机制内容】

（1）识别需求。公司人资专业按不低于国家标准的原则，根据企业实际作业、职业健康要求、灾害风险等制定一般劳动防护用品配备标准。各级人资专业基于配备标准，依据劳动用工和实际风险情况，开展一般劳动防护用品需求识别。

（2）组织购置。人资专业根据需求识别结果和备件储备要求，确定配备方案，保障正常损耗和应急处置需求。编制购置计划，列支费用预算，落实购置审批，委托招标中心或具备资质的单位，组织进行招标、采购和配送。

（3）验收存储。供应链专业组织开展供货产品验收，查验相关产品合格证，通过后办理入库。按照分类存储要求，完善保管制度，合理布局仓库，保证一般劳动防护用品的存储安全。

（4）发放领用。人资专业根据配备标准及使用部门人员在岗情况，开展一般劳动防护用品的核准与发放工作，规范做好领用记录。

（5）使用保养。各单位组织开展一般劳动防护用品使用培训，确保使用人员培训合格并掌握正确使用方法，按规定穿着或佩戴，未经培训考核合格者，不得上岗作业。一般劳动防护用品使用后，应做好保养、清洁和维护，确保状态良好。

（6）报废更换。人资专业明确一般劳动防护用品申请更换和核发的流程，针对超过使用期限、达到报废条件的一般劳动防护用品进行报废处理，并按需进行补充。

（7）分析改进。定期统计分析一般劳动防护需求配置、产品质量、人员使用、报废补充等情况，点面结合分析问题，制定措施融入日常，改善长效管理机制。

### 3. 机制运转

【技术支撑】

（1）健全制度标准。公司、二级单位建立相互承接的一般劳动防护用品管理制度和两书，三级单位承接编制本地化两书，涵盖识别需求、组织购置、验收存储、发放领用、使用保养、报废更换、分析改进等管理环节，分层分级明确管理要求和实施方法。

（2）信息系统支撑。建立一般劳动防护用品管理系统，对一般劳动防护用品的需求识别、需求计划、预算、采购、存储、领用、报废全过程实现信息化管理。

（3）新工艺运用。研究运用新技术、新工艺、新材料、新设备，实现一般劳动防护用品的迭代更新。

【运转效果】一般劳动防护用品需求预测准确，采购流程、验收存储、使用过程规范透明，备品充足可用，人员有效防护。

### 4. 检查改进

【日常检查】公司及二级单位通过信息系统、现场检查等方式，对一般劳动防护用品管理机制建立情况、运转情况及运转效果进行检查。三、四级单位通过现场检查、职工代表巡查、劳动保护监督等方式，检查一般劳动防护用品配置、使用情况。

【总结改进】三、四级单位重点对劳动防护用品配置、使用情况进行回顾总结，对管理过程暴露的问题进行分析，通过修编两书等改进管理机制，提升管理效能。公司及二级单位定期收集一般劳动防护用品配置、使用过程中的问题和意见，研究改进管理机制、标准。

## 十二、办公综合专业

### （一）安全保卫管理

**1. 识别对象**

【管理对象】管控公司系统内部治安防范和电力设施保护等工作。

【业务目的】保障生产及办公场所安全，有效保护电力设施，为生产经营提供安全、有序的工作条件。

【风险原因】存在非法闯入、生产办公场所被破坏、电力设施被破坏等风险。主要原因包括安保风险评估不全面、安保系统建立不充分、安保资源配置不到位、安保设备设施维护不到位等。

**2. 建立机制**

【职责界面】公司办公综合专业制定安保及电力设施保护的制度和标准，负责总部生产办公区域的安全保卫，督促各专业落实电力设施保护工作。生技、市场、新兴业务等专业负责本业务领域涉及电力设施的保护工作。二、三级单位承接细化公司制度和标准，落实本层级安保及电力设施保护工作。

【机制内容】

（1）评估安保风险。针对对生产生活及办公区域，按照重要程度、社会治安状况、设施遭受侵害后的影响程度等，结合地理位置、周边环境、交通条件等开展风险评估，制定风险控制措施。

（2）建立安保系统。建立安保管理的组织机构，识别设立重点保卫区域及其保卫等级，明确不同等级的管理配置标准，根据风险评估结果配置人防、物防、技防资源，明确人员车辆出入控制、安保设备管理、监控设备配置、电力设施保护、特殊时段防范、应急响应处置等要求。

（3）实施安保控制。在生产、办公区域设置控制点，对人员、车辆、物品的出入进行有效控制。协同当地政府、公安机关建立警企联防、群众护线等电力设施保护机制，定期组织开展电力设施保护巡查和宣传等工作。发生安保突发事件时，及时组织处置，并按照事件性质逐级上报有关情况。

（4）维护安保系统。建立安保监控系统、安保设施设备、安全防护装置等的检查维护制度，建立台账清册，定期开展检查维护和隐患排查治理。组织安保相关人员开展培训及演练，提升人员风险辨识管控、系统装备操作、应急处置恢复的能力。

（5）开展分析改进。定期检查安保风险辨识与管控、重点区域人防物防技防配置、电力设施保护宣传、应急事件处置、突发事件信息报送等情况，分析暴露的问题，制定整改措施，改进管理机制。

**3. 机制运转**

【技术支撑】

（1）健全制度标准。公司、二级单位建立相互承接的安全保卫管理制度和两书，三级单位承接编制本地化两书，涵盖评估风险、建立系统、安保控制、维护系统、分析改进等管理环节，分层分级明确管理要求和实施方法。

（2）完善技术标准。建立健全安保、电力设施保护等风险的评估标准，提升风险管控的准确性和有效性。

（3）运用新技术。广泛研究运用新技术、新设备、新系统开展安保保卫和电力设施保护的监测及预警。

【运转效果】进入生产及办公场所的人员、车辆、物品可控受控，重要电力设施得到有效监控和联动保护，突发事件得到充分预警和有效处置。

**4. 检查改进**

【日常检查】公司及二级单位通过督查检查、安保事件统计等方式，对各单位安保及电力设施保护机制建立运转、资源保障情况开展验证和履职分析。三、四级单位通过监控系统、出入记录、巡视维护记录等，对人防、物防、技防措施的配置运转情况、联动防控情况等进行检查，及时整改问题并建立长效机制。

【总结改进】三、四级单位定期总结安保及电力设施保护工作的成效与不足，通过修编两书等改进管理机制，优化管控措施。二级单位总结各区域安保及电力设施保护的事件趋势，优化人防、物防、技防等资源配置。公司总结制度标准和新技术的运用情况，改进管理机制、标准，持续研究推广新技术、新设备。

## （二）消防管理

### 1. 识别对象

【管理对象】公司系统各类场所、设施、设备的消防安全管理。

【业务目的】消除火灾隐患，预防和减少火灾危害，确保员工生命和企业财产安全。

【风险原因】存在发生火灾、火灾隐患突出、员工生命健康受损、企业财产损失、企业形象受损等风险。主要原因包括火灾危害辨识不充分、火灾风险评估不到位、消防设备设施配置不足、消防检查维护不到位、人员技能不足等。

### 2. 建立机制

【职责界面】公司办公综合专业统筹消防管理工作，负责办公场所消防安全管理；生技、市场、基建、供应链、数字化、系统运行等专业，分别负责生产场所、营销场所、基建工程、物资仓库、计算机机房、通信机房、调度监控室等区域的消防安全管理；安监专业负责消防安全的综合监督。二、三级单位负责承接消防安全管理要求，组织本层级辖区内的消防安全管理工作。

【机制内容】

（1）评估火灾风险。辨识可能存在火灾风险的区域、火灾来源、火灾类型、现有灭火资源等，对发生火灾时可能影响的范围、波及的区域、重要程度等进行评估，明确风险等级，差异化制定管控措施。

（2）配置消防资源。设立消防安全委员会或消防工作领导小组，制定本单位消防管理的文件、规定，按照办公场所、运行场所、基建项目等不同区域的消防功能要求，明确配置地点、配置类型、配置数量、人员防护要求、可利用的外部资源等。根据风险评估结果，分区域、分等级配置相应的消防设备、设施，组织签订消防安全责任书，明确各层级消防安全管理责任。

（3）管控火灾风险。针对新、改、扩建工程消防设施，需办理消防建审与验收手续，落实"三同时"要求。针对已投入使用的设施，根据消防风险管控要点及重点防火区域，建立消防设备设施数据库，完善消防平面布置图，对消防设备设施进行标识。识别涉及的易燃易爆品，根据特性和危险程度，制定存储和使用规范。完善动火作业管理制度和要求，履行动火作业审批和管控流程。建立消防应急队伍，明确消防应急救援和抢险工作要求，建立与外部支援单位的沟通协作机制，组织开展消防培训与演练。

（4）处置火灾事件。发生火情后，应第一时间报警求助，启动消防应急预案和处置方案，在保障安全的前提下组织处置，并按要求及时上报事件简况。处置结束后，应组织对人员伤亡、财产损失等情况进行调查，提交调查报告，落实问题整改。

（5）消防巡查检查。建立消防值班和巡查检查工作制度，对生产办公区域、重点防火部位等开展防火巡查和消防设备设施检查，督促开展消防设备设施检测与维护，及时登记报告监测告警、火灾隐患、设备设施缺陷等信息，明确责任并限期落实整改，确保消防设备设施功能完好、有效。

**3. 机制运转**

【技术支撑】

（1）健全制度标准。公司、二级单位建立相互承接的消防管理制度和两书，三级单位承接编制本地化两书，涵盖评估风险、配置资源、管控风险、处置火灾、巡查检查等管理环节，分层分级明确管理要求和实施方法。

（2）完善技术标准。完善消防风险评估、消防设施配置等标准，明确风险量化、资源配置的原则。

（3）推广运用新技术。广泛研究运用自动监测、自动灭火等新技术、新工艺、新系统，提升火灾监测管控的有效性，推进无油化、无气化设备设施及阻燃性材料的研究和运用。

【运转效果】及时识别引发火灾的因素并有效管控，减少易燃易爆物品在生产办公过程中的使用，火灾隐患得到控制和消除，有效减少火灾事件和损失。

### 4. 检查改进

【日常检查】公司及二级单位通过线上抽查、事件调查等方式，验证消防安全管理机制建立、资源保障等情况，分析各专业、各单位消防安全状态。三、四级单位通过资料抽查、现场验证等方式，检查火灾危害辨识、消防资源配置、隐患排查整改、火灾事件处置等情况。

【总结改进】三、四级单位定期总结各专业消防安全责任落实和管控情况，通过修编两书等改进管理机制，优化管理的方法流程。二级单位对所属单位消防安全管理工作进行指导、监督和考核，优化调整资源配置。公司总结消防安全管理的制度标准、技术工艺等的适宜性，优化制度标准，改进技术工艺和装备水平。

## （三）车辆及交通管理

### 1. 识别对象

【管理对象】公司系统生产、经营、公务用车及驾驶人员的管理。

【业务目的】提高车辆管理集约化、标准化水平，降低交通安全风险，确保车辆状况良好和员工出行交通安全。

【风险原因】存在违章驾驶、车辆突发故障、交通意外事故、人身伤亡、财产损失、超标配备车辆、公车私用等风险。主要原因包括交通安全风险评估不充分、车辆管理不规范、准驾制度不健全、交通安全培训不到位、车辆使用缺乏有效监督等。

**2. 建立机制**

【职责界面】公司办公综合专业制定公司车辆及交通安全管理的制度和标准，统筹公司交通安全管理及考核评价工作；安监专业负责交通安全的综合监督；各专业负责本业务领域车辆及员工交通安全的日常监督和管理。二、三级单位承接制定本层级车辆及交通安全管理规定，落实车辆及交通安全管理工作。

【机制内容】

（1）评估交通风险。根据车辆状态、驾驶经验、道路特点、周边环境、天气条件等因素，开展交通安全风险评估，确定风险等级、制定管控措施、分配驾驶任务、规划最佳行驶路线等。

（2）驾驶员管理。建立准驾管理制度，明确专兼职驾驶员选用条件、技术要求与晋级标准，定期开展驾驶员安全教育培训、综合素质测评、驾驶技能评定、应急处置演练等，结合驾驶员出车频次、安全行车表现、同乘人评价等，开展驾驶员考核评价。

（3）车辆基础管理。根据车辆配置标准和更新条件，开展车辆购置或租赁工作，落实车辆检测及保险手续，完善车辆清册台账和档案记录。每台车辆指定安全管理责任人，负责车辆的安全管理，动态更新车辆行驶、使用、维护、保养、故障、维修等情况，确保车况良好、记录可溯。严格按照"一车一卡"原则落实车辆用油审批管理。

（4）车辆运行管理。严格执行审批、派车流程，明确出车任务、行车路线、主要风险、防范措施。车辆使用人落实出车前、行车中、收车后的"三查"制度，行车过程中严格遵守规章制度。发生交通意外时，应按要求及时上报信息，并配合公安交警部门及保险公司有序开展处置。

（5）维修报废管理。定点开展车辆维修保养，达到更新淘汰条件的车辆，应优先进行拍卖处置，拍卖不成功则进行报废处理，严禁使用已批准报废的车辆。

（6）分析改进机制。定期统计分析本单位交通违章、交通事故等情况，结合年度车辆管理、交通安全管控目标等，开展交通安全年度绩效考核，完善交通安全管理的长效机制。

**3. 机制运转**

【技术支撑】

（1）健全制度标准。公司、二级单位建立相互承接的车辆及交通管理制度和两书，三级单位承接编制本地化两书，涵盖评估交通风险、驾驶员管理、车辆基础管理、车辆运行管理、维修报废管理、分析改进等环节，分层分级明确管理要求和实施方法。

（2）完善技术标准。完善交通安全风险评估、驾驶员评价、交通安全绩效考评等标准规范，提升评估、考核的科学性和准确性。

（3）建立信息系统。建立车辆管理信息系统，对驾驶员资格管理、用车审批、风险提醒、任务分配、行驶管控、车辆维保、行车统计等实现信息化管理。

（4）配置监控设备。综合运用卫星定位、车载监控、行车记录仪等设备，对车辆行驶情况进行跟踪和监督，对行车超速、运载超员、疲劳驾驶、超时段、偏移规定行驶路线、违规停放、公车私用等行为进行监测和预警。

【运转效果】信息化管理车辆登记、使用、维护的全过程，优化车辆行驶任务分配，透明约束驾驶行为，减少和消除交通安全隐患，有效管控交通意外事故事件。

**4. 检查改进**

【日常检查】各级单位通过信息系统、监控终端、违章统计、事故分析等方式，检查交通安全管理机制建立、资源保障、职责落实等情况，及时纠偏。

154

【总结改进】三、四级单位总结风险识别管控、驾驶员及车辆管控等情况，及时发现问题，优化预警和管控，通过修编两书等改进管理机制。二级单位总结交通安全责任落实情况，协调解决困难，优化资源配置。公司总结技术标准、信息系统、技术装备的适宜性和有效性，完善制度标准，优化信息系统功能，更新装备水平。

## （四）建筑物管理

### 1. 识别对象

【管理对象】管控公司所属建筑物接收登记、风险评估、检查维护、缺陷处理等过程。

【业务目的】保持建筑物良好状态，为办公及作业过程提供安全、健康和有序的环境。

【风险原因】存在主体结构缺陷、辅助设施损坏、人身安全、财产损失等风险。主要原因包括验收审核把关不严、风险评估不到位、日常检查不规范、维护保养不及时等。

### 2. 建立机制

【职责界面】公司办公综合专业制定建筑物管理的制度和标准，负责统筹建筑物的日常管理。二、三级单位承接完善建筑物管理的流程和方法，负责所辖范围建筑物的日常检查、风险评估、维修保养等工作。

【机制内容】

（1）建设验收。根据新建、接收、租赁建筑物的情况，识别建立台账清册，并动态更新。针对新建建筑物，应参与其规划、设计、施工、验收等环节；针对租赁或接收的非新建建筑物，应核验其建设工程规划许可证、用地规划许可证、竣工验收等材料，确认建筑物工程施工质量、消防、环保、安全辅助设施等符合标准要求和企业需求后，方可开展建筑物交付和接收工作。

（2）风险评估。定期组织开展建筑物风险评估，根据建筑物使用年限、功能状态、环境变化、地质变化、维护保养等情况，对其安全性进行分析和风险定级，根据评估结果制定管控措施，落实闭环管控。

（3）检查维护。建立建筑物定期和专项检查维护工作计划，对所辖建筑物开展例行、自然灾害后、特殊气候条件下的检查和维护。当发现裂纹、倾斜、沉降等重大缺陷或隐患时，应委托专业机构开展安全鉴定，制定专项方案进行整改，必要时应采取应急措施，及时撤离人员、物品。整改完成前应做好围栏、标识等临时防护措施，整改完成后应落实验收审批手续。

（4）作业管控。办公综合专业有关的高空、有限空间、起重吊装、水电安装等现场作业，应严格落实公司现场作业风险管控机制，落实作业审批、风险评估、作业准备、作业监护等管控措施，配置防高坠、防中毒、防触电的工器具及防护用品，确保作业过程人身安全。

（5）分析改进。结合安全大检查、专项检查等方式，对建筑物风险管控、日常维护、隐患治理等工作落实情况进行跟踪验证、考核评价。

**3. 机制运转**

【技术支撑】

（1）建立健全制度标准。公司、二级单位建立相互承接的建筑物管理制度和两书，三级单位承接编制本地化两书，涵盖建设验收、风险评估、检查维护、分析改进等管理环节，分层分级明确管理要求和实施方法。

（2）建立健全技术标准。根据建筑物主体结构、辅助设施、地面情况和防雷功能等要求，完善建筑物风险评估及检查维护等标准规范。

（3）运用智能监测技术。研究运用新技术、新设备，监测建筑物环境、应力应变、位移形变等情况，实时分析和预警。

【运转效果】动态监测建筑物运行状况，实时开展风险分析和预警管控，建筑物缺陷隐患可控在控，确保生产办公人员及财产安全。

**4. 检查改进**

【日常检查】各级单位通过查看资料、现场抽查、专项检查、第三方检测等方式，对建筑物安全状况、日常维护、问题整改等情况进行监督和管控。

【总结改进】三、四级单位总结建筑物管理过程中的典型问题，开展分析举一反三，通过修编两书等改进管理机制。二级单位总结建筑物管理过程中导致事故事件的问题，分析履职情况、优化资源配置。公司总结建筑物管理技术标准、监测技术等的适宜性，修编技术标准、更新技术手段。

## （五）公共卫生管理

### 1. 识别对象

【管理对象】管控公司系统公共卫生风险识别、评估、管控和应急处置的过程。

【业务目的】有效预防、及时控制公共卫生事件，降低和消除事件造成的危害和影响，预防疾病，促进员工身心健康。

【风险原因】存在重大传染病疫情、群体性不明原因疾病、重大食物中毒、重大职业中毒、影响公众健康、影响企业形象等风险。主要原因包括公共卫生危害因素识别不全、公共卫生风险评估不准确、公共卫生事件识别不全面、突发公共卫生事件处置不当、监测预警不及时、应急资源配置不足、应急处理流程不规范等。

### 2. 建立机制

【职责界面】公司办公综合专业建立公共卫生管理的制度标准，统筹协调公共卫生管理工作；各专业做好管辖区域内公共卫生危害的识别、监测、管控和报送工作。二、三级单位承接细化公司制度标准，全面做好公共卫生管控。

【机制内容】

（1）开展风险评估。识别区域内存在的公共卫生危害因素，根据其存在的区域、产生的条件、可能影响的范围、可能导致的后果等进行定量或定性评估，确定风险等级，制定风险管控措施，完善突发公共卫生事件库。

（2）开展风险管控。根据公共卫生风险评估等级，开展水质、空气检测，针对食堂、走廊、电梯、卫生间等公共区域，明确食品安全、消毒杀菌、清洁清扫等要求，按需配置医疗救护人员、装置和药品，与地方政府、卫生、公安和消防等部门建立联动协作机制。

（3）实施监测预警。完善公共卫生信息监测、报告渠道，根据重大传染病疫情、群体性不明原因疾病、重大食物中毒、重大职业中毒等突发公共卫生事件发展规律和特点，及时做出预警和管控。研判事件发展趋势、影响程度，及时调整预警和管控措施。

（4）做好应急准备。建立突发公共卫生事件的应急预案和现场处置方案，加强应急队伍建设，做好应急响应下的网络、通信、后勤、舆情、资金、组织等保障工作，配置应急物资及装备，指定专业管理人员定期进行管理、维护并做好记录，建立同外部单位的应急资源共享机制。定期组织开展突发公共卫生事件专业知识培训、应急演练和宣传教育。

（5）落实应急处置。突发公共卫生事件时，应根据其影响、后果等确定事件响应等级，研判并采取先期处置措施，控制和减小事件影响范围、发展趋势，按规定及时上报事件信息。处置过程应加强信息研判、先期处置、信息报告、信息发布、过程控制、后期处置等环节的管控。

（6）开展分析改进。对公共卫生危害识别管控、资源配置、日常防护等措施的执行情况开展监督检查，分析问题原因落实闭环整改，确保建立长效管控机制。

**3. 机制运转**

【技术支撑】

（1）健全制度标准。公司、二级单位建立相互承接的公共卫生管理制度和两书，三级单位承接编制本地化两书，涵盖风险评估、风险管控、监测预警、应急准备、应急处置、分析改进等管理环节，分层分级明确管理要求和实施方法。

（2）完善技术标准。建立健全公共卫生风险评估、应急处置装备配置等标准规范，提升公共卫生风险管控的针对性和有效性。

（3）新技术应用支撑。研究运用自动监测、自动预警等新技术，对公共卫生危害因素进行动态管控。

【运转效果】准确识别公共卫生危害因素和事件，量化风险等级落实分级管控，有效应对各种突发公共卫生事件，保障职工群众生命安全和身体健康。

## 4. 检查改进

【日常检查】公司及二级单位通过突发事件信息报告、专项检查等方式，验证新冠肺炎疫情、重大卫生事件等防控职责落实情况，督促做好日常公共卫生管理。三、四级单位通过监测数据、现场检查等方式，验证各层级、区域公共卫生管控措施的执行情况。

【总结改进】三、四级单位总结公共卫生危害识别和事件处置的效率，优化管控流程，通过修编两书等改进管理机制。二级单位总结公共卫生管理资源投入情况与管控成效，优化资源配置。公司总结公共卫生管理的制度、标准和技术的应用情况，完善制度标准、更新装备技术。

## （六）信访维稳管理

### 1. 识别对象

【管理对象】管控公司系统接收、办理、处置来信来访的过程。

【业务目的】有效处理信访事件，保护信访人合法权益，维护企业与社会和谐稳定。

【风险原因】存在瞒报谎报信访事件、引发重大群体性事件、漠视损害群众利益、激化矛盾、越级上访、损害企业形象等风险。主要原因包括信访维稳风险评估不到位、信访接待流程不规范、信访处置不及时、专业或属地化责任落实不到位等。

**2. 建立机制**

【职责界面】公司办公综合专业制定信访维稳工作制度，负责处理总部信访问题；各专业部门负责处置本业务领域信访问题。二、三级单位负责辖区内信访问题的管理，承接落实本层级信访事项的处理。

【机制内容】

（1）开展风险评估。建立重大事项社会稳定风险评估机制，对涉及职工群众切身利益、重大敏感事项处理、重大政策变化、重大工程建设、重大活动举办等情况开展风险分析预测。对实施过程中可能引发矛盾冲突的概率、负面影响程度、涉及人员数量、影响范围等进行评估，确定风险等级。

（2）落实风险管控。实施重大事项或决策前，应根据风险评估结果，征求地方政府部门意见，制定风险应对预案，细化落实风险管控措施，消除、化解潜在风险后方可开展。要针对劳动用工、体制改革、电网建设、客户服务等过程中可能引发信访问题的矛盾或隐患，开展排查和化解。

（3）建立信访渠道。公布信访渠道、信访事项受理范围，明确接访单位和接访形式。设立信访接待场所，配置安检门、金属探测仪、音视频监控等安全保障设备。完善信访处理程序，建立信访事项办理、复查、复核三级工作程序，确保信访事项处理流程合法合规。

（4）处理信访事件。信访维稳管理部门牵头，责任部门具体负责，做好接访前期处置工作，甄别来信、来访信息，有序处理信访事项。完善重大信访事项领导干部接访下访和保密机制，对"三跨三分离"信访事项，由各级信访部门协调相关部门进行处理，出现分歧时，由议事协调机构明确处理部门或单位，杜绝推诿扯皮导致矛盾激化。

（5）落实应急处置。建立信访维稳事件的应急处置程序，制定突发事件应急预案，明确突发事件处理程序、人员到位标准、安保要求等，建立警企、政企联动机制，加强舆情监控和危机公关处理，定期组织培训和演练。对涉及非正常上访、突发重大信访维稳事件的，及时启动应急处置及维稳工作，积极引导信访人通过行政复议、仲裁、司法诉讼等渠道化解矛盾纠纷。

（6）组织信息报送。发生信访维稳事件时，应按规定如实报送信访信息，不得瞒报谎报漏报。针对未处理完毕的突发性群体事件，涉事单位要跟踪事件处理进展，及时报告后续情况，直至恢复正常秩序。

（7）开展考核评价。定期对信访维稳工作落实情况开展考核和评价，分析社会稳定风险评估、资源配置、人员到位、维稳处置等情况，验证信访处置程序，优化长效管控机制。

### 3. 机制运转

【技术支撑】

（1）健全制度标准。公司、二级单位建立相互承接的信访维稳管理制度和两书，三级单位承接编制本地化两书，涵盖风险评估、风险管控、信访渠道、信访处理、应急处置、信息报送、考核评价等管理环节，分层分级明确管理要求和实施方法。

（2）完善技术标准。完善社会稳定风险评估、信访维稳资源配置等技术标准，提升风险预判和维稳防控的准确性、有效性。

（3）信息系统支撑。健全信访管理系统，对信访工作办理流程、风险评估、处置过程、人员配置等内容实现信息化管理。建立信访维稳信息的大数据收集和分析功能，实现提前预警和布控。

【运转效果】及时准确发现社会稳定风险并予以干预，信访工作处置过程实时可见、事后可查，依法、高效、就地解决信访问题。

### 4. 检查改进

【日常检查】公司及二级单位应通过信息系统、突发性事件统计、信访督查督办等方式，检查各单位及各专业部门履职情况和维稳风险管控效能。三、四级单位应通过定期回访、抽样检查等方式，验证信访事项的闭环管理情况。

【总结改进】三、四单位定期收集本单位信访维稳管理中的矛盾和不稳定因素，改进排查化解的方式和方法，通过修编两书等改进管理机制。

二级单位应统筹优化信访流程和资源配置，协调落实信访专项资金。公司总结信访维稳制度、标准、信息系统的适宜性，改进信访维稳机制、方法、标准，优化信息系统功能。

## 十三、法规管理专业

### （一）法律法规管理

**1. 识别对象**

【管理对象】管控公司业务相关法律法规获取、识别、融入、沟通、依从性检查的全过程。

【业务目的】获取、识别相关法律法规并融入制度，提高人员法律意识和法律风险防控能力，确保公司生产经营活动依法合规。

【风险原因】存在生产经营活动不合规或不合法导致被立案调查、行政处罚，产生法律纠纷，影响社会稳定等风险。主要原因包括未及时获取变化的法律法规、法律法规适用条款识别不准确、法律法规未有效融入管理制度等。

**2. 建立机制**

【职责界面】公司法规专业负责建立法律法规总体要求和管理标准，各专业识别适用的法律法规，融入专业制度并依从执行。二级单位承接公司管理标准，负责省级法律法规识别融入。三级单位承接上级管理标准，负责地方性法律法规识别融入。

【机制内容】

（1）建立法律法规库。各级法规专业建立本层级适用的法律法规清单和数据库，公司重点建立涵盖国家法律法规、国务院部门规章、行业监管规定、国外法律法规等的信息库。二、三级单位法律法规库应在公司法规库的基础上，分别增加省级法律法规和地方性法律法规。

（2）获取法律法规。各级法规专业应明确法律法规获取的有效途径，包含官方网站、有关机构、图书及其它授权媒体等。各专业部门通过相关途径获取法律法规最新信息，发现变化后及时反馈法规专业更新法律法规库。

（3）识别法律法规。各专业基于最新的法律法规识别适用的条款，重点识别变化后的条款对相关业务的影响，根据需要修编规章制度，确保有效依从。

（4）融入法律法规。各专业基于识别出的法律法规条款，评估现有管理制度的融入情况。针对条款未有效融入制度的情况，按照法律风险"五进"要求，制定风险防控计划和措施，确保全面融入管理制度、表单、岗位、流程和信息系统。

（5）培训与沟通。专业部门将涉及的法律法规，纳入年度培训内容，确保全员覆盖。当法律法规发生变化时，应及时通过会议、邮件等多种方式，对涉及人员进行沟通和培训，确保相关工作依法合规。

（6）开展依从检查。各专业针对管理制度、表单、岗位、流程等开展法律法规依从性检查，发现问题及时反馈法规专业，经法律风险评估后明确整改措施并落实闭环整改。

（7）分析改进机制。定期统计分析法律法规的更新、识别、融入和执行情况，点面结合分析问题原因，制定整改措施，融入日常管理完善长效机制。

## 3. 机制运转

【技术支撑】

（1）健全制度标准。公司、二级单位建立相互承接的法律法规管理制度和两书，三级单位承接编制本地化两书，涵盖法律法规建库、获取、识别、融入、培训沟通、依从检查、分析改进等管理环节，分层分级明确管理要求和实施方法。

（2）信息系统支撑。建立法律法规管理信息系统，实现法律法规名称、版本、类别、条款等信息实时查询。完善信息化工具，实现自动识别法律法规更新情况，确保法律法规的时效性。

【运转效果】分级识别法律法规，及时融入管理制度，定期开展依从性检查，有效管控法律风险，公司生产经营活动依法合规。

**4. 检查改进**

【日常检查】通过信息系统、现场检查等方式，公司及二级单位重点检查法律法规识别、融入情况，三、四级单位重点检查法规要求与各项业务的融入和执行情况。

【总结改进】定期总结分析法律法规获取、识别、融入、依从、执行、沟通等存在的问题，三级单位重点对不符合法律法规要求、未融入相关业务等问题制定措施，提升管理的合规性，通过修编两书等改进管理机制。公司及二级单位研究改进制度标准和管理策略，优化信息系统。

## （二）制度管理

**1. 识别对象**

【管理对象】管控公司系统各类规定、办法、细则、两书从识别编制到检查评价的全过程。

【业务目的】建立完整、适用的制度库，确保职责分工合理、管理要求明确、流程方法清晰，指导各项工作的规范、高效开展。

【风险原因】存在制度标准不健全、责任分工不明确、作业流程不清晰、管理要求不具体等风险。主要原因包括未基于业务梳理制定制度"立、改、废"计划、制度标准审核不严、制度宣贯不到位、制度管理回顾未开展等。

**2. 建立机制**

【职责界面】公司法规专业负责建立制度和业务指导书的管理标准，制定制度"立、改、废"计划，对制度合法性、规范性进行审查，开展制度年度综合评价和考核；生技专业负责建立作业指导书的管理标准；安监专业负责安风体系要求的融合性审查；各专业提出制度"立、改、废"需求计划，开展制度"立、改、废"和宣贯培训，针对管理业务建立业务指导书，针对作业任务建立作业指导书，对制度执行情况进行监督和评价。二、三级单位负责对上级制度进行承接、细化并落地实施。

【机制内容】

（1）制定年度计划。各单位结合制度和两书管理现状及法律法规要求，基于专业风险特点、业务范围、业务变化情况和上级制度变化等内容，分专业制定年度"立、改、废"计划，经审核、审批后发布执行。

（2）开展制度"立、改、废"。法规专业基于制度"立、改、废"计划，组织开展制度新编、修编、废止等工作，并建立各类制度模板，提升制度编制的规范性。专业部门负责按照模板要求，开展本专业制度的新编或修订，所编制的制度应目的明确、职责清晰、流程规范、管理节点逻辑闭环，遵循简明化、可操作、无歧义的原则，体现 5W2H 要求，满足国家、地方、行业法律法规及上级规章制度要求。

（3）审核发布制度。公司建立制度评审标准，明确制度审核流程和要求，强化安风体系要求的融合性审查。各单位落实制度征求意见、评审、会签、批准等流程后，颁发生效并及时更新制度清单或制度图谱。当制度涉及"三重一大"决策管理、员工切身利益，影响决策权、考核权、奖惩权、监督权行权程序与配置要求时，各单位应履行审议程序。

（4）培训和宣贯。各专业将制度培训纳入年、月培训计划，并分层分级组织实施。培训宣贯范围应涵盖制度的适用部门、适用人员，对新上岗（含入职）、转岗的人员应开展岗位相关制度的培训，并按要求开展制度测评。

（5）执行和检查。各专业结合工作检查、信息系统抽查等方式，检查制度涉及层级、单位的执行过程，发现问题及时纠正和通报，确保制度执行落地。

（6）评价和考核。法规专业对各专业制度从合规性、依从性、兼容性、可操作性、有效性等方面进行评价和考核，评价结果作为次年制度"立、改、废"计划制定的依据。

**3. 机制运转**

【技术支撑】

（1）健全制度标准。公司、二级单位建立相互承接的制度管理原则和两书，三级单位承接编制本地化两书，涵盖制定计划、制度"立改废"、审核发布、培训宣贯、执行检查、分析改进等管理环节，分层分级明确管理要求和实施方法。

（2）健全技术标准。建立制度标准编制、流程图编制、制度编码等规范，支撑制度的规范管理。

（3）信息系统支撑。建设灵活、交互、开放、统一的智慧制度库，实现制度查询、检索、比对、自动推送等信息化功能。

【运转效果】各专业制度得到有效识别并主动审视评价，"立、改、废"工作及时、高效，实现制度健全、刚性执行、有效依从。

**4. 检查改进**

【日常检查】公司及二级单位通过信息系统、制度"立、改、废"审查等，对制度新编或修编进度进行检查。三级单位通过信息系统抽查制度更新情况，通过现场检查、专项检查等对制度执行与依从进行验证。

【总结改进】三级单位定期对制度适用性、可操作性等进行回顾，收集制度执行意见及建议，改进制度执行依从、变化风险管控、数据分析应用等方面存在的问题，通过修编两书等改进管理机制。公司及二级单位定期收集制度管理存在问题，完善制度管理策划，组织研究改进制度管理的方法和标准。

## 十四、计划财务专业

### （一）计划预算管理

**1. 识别对象**

【管理对象】管控公司系统资金配置和资源分配的全过程。

【业务目的】建立标准科学、规范透明、约束有力的计划预算管理系统，优化资源配置，为安全生产、风险管控提供资源保障，实现企业价值最大化。

【风险原因】存在预算不准确、安全投入不足、产出效益低等风险。主要原因包括预算分析模型不健全、预算需求审核不严、预算执行监控不到位、预算考核指标设定不合理等。

## 2. 建立机制

【职责界面】公司计财专业建立总体要求和管理标准，统筹实施计划预算全过程管理；各专业负责本业务领域计划预算管理。二、三级单位负责计划预算层层分解落实，对计划预算的全过程进行监督与控制。

【机制内容】

（1）计划预算编制与分解。以提升电网关键指标、扩大资产规模、加快智能电网建设、降低电网风险为目标，基于预算分析模型开展年度计划预算编制，优先确保重大风险控制的项目预算安排。结合战略目标、中长期预算及风险管控要求，综合考虑市场形势和政策走向，预测各项业务指标及经营指标情况，并逐级分解至各专业、各层级，实现业务计划与财务预算有效衔接。

（2）计划预算监控与执行。承接年度计划预算，按监控周期制定月度计划预算目标及指标，明确监控预警的对象、定义、阈值和规则。执行计划预算，监控计划预算关键指标完成进度、分专业资源投入情况、效益提升幅度等，发现问题及时预警和纠偏。

（3）计划预算分析与调整。开展月度、季度、年度计划预算分析，回顾关键指标完成情况、预算执行情况，分析造成预算偏离实际的原因，制定整改措施，形成专项分析报告，为经营决策提供有效支撑。预算调整应按规定落实审批手续，同步调整经营管理策略和措施，确保实现目标。

（4）计划预算评价与考核。建立对标管理机制，从经济效益、安全收益、预算管理、资金管理、资产管理、成本管理等维度评价预算执行效果，评价结果运用于经营目标设定、绩效考核等，为次年计划预算目标设定和关键指标分解提供参考。开展年度预算执行情况的日常经营审计，重点审查关键指标完成结果的真实性、准确性，关注各类资源配置效率、使用效益等内容。

（5）分析改进管控机制。定期分析计划预算统筹平衡、编制分解、执行管控、跟踪调整、评价考核等情况，查找需要改进的方面，点面结合分析问题原因、制定措施，融入日常以完善长效管理机制。

## 3. 机制运转

【技术支撑】

（1）健全制度标准。公司、二级单位建立相互承接的计划预算管理制度和两书，三级单位承接编制本地化两书，涵盖编制分解、监控执行、分析调整、评价考核、分析改进等管理环节，分层分级明确管理要求和实施方法。

（2）完善技术标准。基于资产成新率、人员结构、业务发展情况、地区物价水平差异等因素，健全成本支出标准，支撑成本的事前计划、日常控制和最终成本效益评价。

（3）完善监控平台。基于战略管控平台建立计划预算监控功能，打通企业级与专业级运营管控平台间的数据互联，实现业财联动监控。

【运转效果】计划预算科学合理，过程实时监控、及时预警，评价考核约束有力，有效管控生产经营风险，提高价值创造能力。

## 4. 检查改进

【日常检查】公司及二级单位通过信息系统、资料检查、现场检查等方式，验证关键指标完成结果的真实性、准确性等内容，分析计划预算管理的有效性。三、四级单位通过定期通报、日常经营审计等方式，强化预算过程监督检查，分析计划预算的执行情况。

【总结改进】三级单位定期收集计划预算编制、执行过程中存在的问题，分析预算执行结果与目标的偏差程度，查找问题、分析原因，通过修编两书等改进管理机制。二级单位优化计划预算关键指标设置和资源配置，加强执行监控与指导，协调解决困难。公司组织研究改进计划预算管控机制、方法、标准。

## 十五、创新管理专业

### （一）科技项目管理

**1. 识别对象**

【管理对象】管控公司系统科技项目的需求、计划、实施、验收、评价的全过程。

【业务目的】统筹全网科技资源，引领行业技术进步，有效降低电网、设备和作业风险，支撑公司高质量发展。

【风险原因】存在项目预算制定不合理、投资决策失误、安全管理不到位、质量管控不到位等风险，主要原因包括立项方向不准确、项目评审把关不严、项目过程管控不到位、经费使用不规范、项目验收不到位等。

**2. 建立机制**

【职责界面】公司创新专业制定总体原则、管理制度和标准，负责公司科技项目统筹管理；各专业负责提出本专业科技研发需求和项目建议；计财专业负责科技项目经费管理。二、三级单位承接制度标准，负责本层级科技项目的组织实施和过程管控。

【机制内容】

（1）识别科技项目需求。各级创新专业根据公司战略、行业科技前沿技术和生产经营一线需求，组织征集科技项目需求，编制科技项目入库申请和可行性研究报告，明确研究目标、研究内容、研究进度、考核指标、预期成果等关键信息。组织开展项目需求的形式审查、专业审查、经费合理性审查和专业评审，通过后纳入公司科技项目储备库。

（2）制定科技项目计划。各级创新专业按照投资项目优选模型，根据年度投资决策，对新建科技项目进行评分和出库，确定项目投资规模，编制科技项目计划表，明确项目内容、实施单位、时限要求、备用金管理等，经审批后下达实施。

（3）开展前期风险评估。项目实施单位组织成立研究团队和管理机构，明确实施方案和配套条件，评估项目研究及实施过程存在的风险，提出风险管控措施，重点关注可能导致电网、设备、作业风险的评估及管控。

（4）项目实施和中期检查。实施单位落实人员和设备投入，做好项目安全、质量、进度和风险管控。组织项目中期检查，关注项目进度、计划执行、资源投入、目标实现等情况，及时发现问题并督促整改。实施单位应根据外部环境或推广实施条件的变化情况，及时落实项目调整或终止流程。

（5）开展项目验收移交。实施单位完成项目研究工作后，组织技术与财务验收，总结预期目标实现情况。完成项目验收后，组织开展成果登记、档案移交、项目结算、资产移交等工作。

（6）推广运用项目成果。推广运用单位应在成果使用前开展风险评估，管控可能导致的电网、设备、作业等风险。成果运用中应开展持续的风险评估，动态调整控制措施，确保各类风险可控在控。

（7）分析问题改进机制。各单位定期统计分析科技项目立项、实施、验收、成果运用、风险管控情况，点面结合分析问题原因，提出措施改进科技项目管理机制。

**3. 机制运转**

【技术支撑】

（1）健全制度标准。公司、二级单位建立相互承接的科技项目管理制度和两书，三级单位承接编制本地化两书，涵盖项目需求、项目计划、风险评估、项目实施、过程检查、验收移交、成果推广、分析改进等管理环节，分层分级明确管理要求和实施方法。

（2）完善技术标准。建立科技项目优选模型，健全科技项目预算取费技术规范，支撑科技项目的规范管理。

（3）信息系统支撑。建立科技项目管理系统，实现科技项目入库、出库、下达、开题、检查、验收、结算、归档等全过程信息化管控。

【运转效果】科技项目管理规范、目的明确，项目过程管控和跟踪到位，取费合法合规，成果有效运用，电网、设备和作业风险有效管控。

### 4. 检查改进

【日常检查】各级创新专业通过信息系统、资料文件等方式，验证科技项目资源投入，检查项目安全、进度管控等情况，及时协调解决影响项目实施的问题。

【总结改进】定期收集科技项目立项、实施、验收、应用等存在的问题，三级单位基于问题提出整改措施并融入日常管理，通过修编两书等改进管理机制。公司及二级单位优化资源配置，组织改进科技项目管理标准和方法。